高职高专大数据技术专业系列教材

Java 程序设计任务式教程

主　编　王雪松　　冯欣悦　　张良均

副主编　支艳利　　臧艳辉　　徐献圣　　刘满兰

西安电子科技大学出版社

内 容 简 介

　　本书采用"以模块为教学单元，用任务进行驱动"的编写形式，分为 9 个模块，分别为开发环境搭建、Java 程序设计基础、面向对象程序设计、数组与异常程序设计、集合、GUI、I/O 流、多线程和网络编程。每个模块都由模块介绍、思维导图、教学大纲、若干任务、小结和课后习题组成。每个任务都包括任务目标、任务描述、知识准备、任务实施和实践训练五部分。

　　本书是校企合作教材，注重理论和实践相结合，致力于帮助提升学生的学习能力和教师教学能力。

　　本书可作为高职高专计算机应用技术专业、大数据技术与应用专业、物联网应用技术专业、电子信息工程技术专业的 Java 课程教材，也可供企业人员和社会学习者学习参考。

图书在版编目(CIP)数据

Java 程序设计任务式教程 /王雪松，冯欣悦，张良均主编. —西安：西安电子科技大学出版社，2021.8(2023.1 重印)

ISBN 978-7-5606-6107-0

Ⅰ. ①J…　Ⅱ. ①王…　②冯…　③张…　Ⅲ. ①JAVA 语言—程序设计—教材

Ⅳ. ①TP312.8

中国版本图书馆 CIP 数据核字(2021)第 134956 号

策　　划　　明政珠
责任编辑　　宁晓蓉
出版发行　　西安电子科技大学出版社(西安市太白南路 2 号)
电　　话　　(029)88202421　88201467　　　　　邮　　编　　710071
网　　址　　www.xduph.com　　　　　　　　电子邮箱　　xdupfxb001@163.com
经　　销　　新华书店
印刷单位　　咸阳华盛印务有限责任公司
版　　次　　2021 年 8 月第 1 版　　2023 年 1 月第 3 次印刷
开　　本　　787 毫米×1092 毫米　1/16　印 张　15
字　　数　　345 千字
印　　数　　3001～6000 册
定　　价　　36.00 元

ISBN 978-7-5606-6107-0/TP

XDUP 6409001-3

如有印装问题可调换

序

自从 2014 年大数据首次写入政府工作报告，大数据就逐渐成为各级政府关注的热点。2015 年 9 月，国务院印发了《促进大数据发展行动纲要》，系统部署了我国大数据发展工作，至此，大数据成为国家级的发展战略。2017 年 1 月，工信部编制印发了《大数据产业发展规划(2016—2020 年)》。

为对接大数据国家发展战略，教育部批准于 2017 年开办高职大数据技术专业，2017 年全国共有 64 所职业院校获批开办该专业，2020 年全国 619 所高职院校成功申报大数据技术专业，大数据技术专业已经成为高职院校最火爆的新增专业。

为培养满足经济社会发展的大数据人才，加强粤港澳大湾区区域内高职院校的协同育人和资源共享，2018 年 6 月，在广东省人才研究会的支持下，由广州番禺职业技术学院牵头，联合深圳职业技术学院、广东轻工职业技术学院、广东科学技术职业学院、广州市大数据行业协会、佛山市大数据行业协会、香港大数据行业协会、广东职教桥数据科技有限公司、广东泰迪智能科技股份有限公司等 200 余家高职院校、协会和企业，成立了广东省大数据产教联盟，联盟先后开展了大数据产业发展、人才培养模式、课程体系构建、深化产教融合等主题的研讨活动。

课程体系是专业建设的顶层设计，教材开发是专业建设和三教改革的核心内容。为了贯彻党的十九大精神，普及和推广大数据技术，为高职院校人才培养做好服务，西安电子科技大学出版社在广泛调研的基础上，结合自身的出版优势，联合广东省大数据产教联盟策划了"高职高专大数据技术与应用专业系列教材"。

为此，广东省大数据产教联盟和西安电子科技大学出版社于 2019 年 7 月在广东职教桥数据科技有限公司召开了"广东高职大数据技术专业课程体系构建与教材编写研讨会"。来自广州番禺职业技术学院、深圳职业技术学院、深圳信息职业技术学院、广东科学技术职业学院、广东轻工职业技术学院、中山职业技术学院、广东水利电力职业技术学院、佛山职业技术学院、广东职教桥数据科技有限公司、广东泰迪智能科技股份有限公司和西安电子科技大学出版社等单位的 30 余位校企专家参与了研讨。大家围绕大数据技术专业人才培养定位、培养目标、专业基础(平台)课程、专业能力课程、专业拓展(选修)课程及教材编写方案进行了深入研讨，最后形成了如表 1 所示的高职高专大数据技术专业课程体系。在课程体系中，为加强动手能力培养，从第三学期到第五学期，开设了 3 个共 8 周的项目实践；为形成专业特色，第五学期的课程，除 4 周的"大数据项目开发实践"外，其他都是专业拓展课程，各学校根据区域大数据产业发展需求、学生职业发展需要和学校办学条件，开设纵向延伸、横向拓宽及 X 证书的专业拓展选修课程。

表 1　高职高专大数据技术专业课程体系

序号	课程名称	课程类型	建议课时
第一学期			
1	大数据技术导论	专业基础	54
2	Python 编程技术	专业基础	72
3	Excel 数据分析应用	专业基础	54
4	Web 前端开发技术	专业基础	90
第二学期			
5	计算机网络基础	专业基础	54
6	Linux 基础	专业基础	72
7	数据库技术与应用 (MySQL 版或 NoSQL 版)	专业基础	72
8	大数据数学基础——基于 Python	专业基础	90
9	Java 编程技术	专业基础	90
第三学期			
10	Hadoop 技术与应用	专业能力	72
11	数据采集与处理技术	专业能力	90
12	数据分析与应用——基于 Python	专业能力	72
13	数据可视化技术(ECharts 版或 D3 版)	专业能力	72
14	网络爬虫项目实践(2 周)	项目实训	56
第四学期			
15	Spark 技术与应用	专业能力	72
16	大数据存储技术——基于 HBase/Hive	专业能力	72
17	大数据平台架构(Ambari，Cloudera)	专业能力	72
18	机器学习技术	专业能力	72
19	数据分析项目实践(2 周)	项目实训	56
第五学期			
20	大数据项目开发实践(4 周)	项目实训	112
21	大数据平台运维(含大数据安全)	专业拓展(选修)	54
22	大数据行业应用案例分析	专业拓展(选修)	54
23	Power BI 数据分析	专业拓展(选修)	54
24	R 语言数据分析与挖掘	专业拓展(选修)	54
25	文本挖掘与语音识别技术——基于 Python	专业拓展(选修)	54
26	人脸与行为识别技术——基于 Python	专业拓展(选修)	54
27	无人系统技术(无人驾驶、无人机)	专业拓展(选修)	54
28	其他专业拓展课程	专业拓展(选修)	
29	X 证书课程	专业拓展(选修)	
第六学期			
29	毕业设计		
30	顶岗实习		

基于此课程体系，与会专家和老师研讨了大数据技术专业相关课程的编写大纲，各主编教师就相关选题进行了写作思路汇报，大家相互讨论，梳理和确定了每一本教材的编写内容与计划，最终形成了该系列教材。

本系列教材由广东省部分高职院校联合大数据与人工智能企业共同策划出版，汇聚了校企多方资源及各位主编和专家的集体智慧。在本系列教材出版之际，特别感谢深圳职业技术学院数字创意与动画学院院长聂哲教授、深圳信息职业技术学院软件学院院长蔡铁教授、广东科学技术职业学院计算机工程技术学院(人工智能学院)院长曾文权教授、广东轻工职业技术学院信息技术学院院长廖永红教授、中山职业技术学院信息工程学院院长赵清艳教授、顺德职业技术学院智能制造学院校长杨小东教授、佛山职业技术学院电子信息学院院长唐建生教授、广东水利电力职业技术学院大数据与人工智能学院院长何小苑教授，他们对本系列教材的出版给予了大力支持，安排学校的大数据专业带头人和骨干教师积极参与教材的开发工作；特别感谢广东省大数据产教联盟秘书长、广东职教桥数据科技有限公司董事长陈劲先生提供交流平台和多方支持；特别感谢广东泰迪智能科技股份有限公司董事长张良均先生为本系列教材提供技术支持和企业应用案例；特别感谢西安电子科技大学出版社副总编辑毛红兵女士为本系列教材提供出版支持；也要感谢广州番禺职业技术学院信息工程学院胡耀民博士、詹增荣博士、陈惠红老师、赖志飞博士等的积极参与。感谢所有为本系列教材出版付出辛勤劳动的各院校的老师、企业界的专家和出版社的编辑！

由于大数据技术发展迅速，教材中欠妥之处在所难免，敬请专家和使用者批评指正，以便改正完善。

广州番禺职业技术学院

余明辉

2020 年 6 月

前　言

Java 语言（简称 Java）是一门面向对象的编程语言，不仅吸收了C++语言的各种优点，还摒弃了 C++中难以理解的多继承、指针等概念，因此 Java 具有功能强大和简单易用两个特征。作为静态面向对象编程语言的代表，Java 极好地实现了面向对象理论，允许程序员以优雅的思维方式进行复杂的编程。Java 几乎无处不在，无论在智能手机、台式机、游戏设备还是超级科学计算机上，几乎处处都有 Java 的影子。全世界有数百万的 Java 程序员在开发基于 Java 的产品。学好 Java 可以说是成为一个优秀软件开发工程师的必经之路，但对于刚刚接触编程的学习者来说，Java 的学习还是比较困难的。为了让初学者少走弯路，使他们能够找到学习的方向，并有学习的动力，我们采用模块化、任务驱动的形式编写了本书。本书能够有效地帮助学习者轻松入门，并进行系统的学习。

本书具有以下特点：

(1) 根据学生就业岗位需要，构建基于软件开发、软件测试、大数据分析师等职业岗位任务的编写体系；

(2) 遵循工作过程系统化课程开发理论，打破"章、节"编写模式，建立了"以模块为教学单元，用任务进行驱动，融知识学习与技能训练于一体"的教材体系，体现了高职教育的职业化和实践化；

(3) 案例丰富，概念清晰，内容浅显易懂，帮助学生在学习案例的过程中理解概念，掌握知识点。

本书的编写人员常年主讲计算机应用技术、大数据技术、物联网应用技术等专业的"Java语言程序设计"课程，他们均具有丰富的教学经验。此外，一些具有多年程序开发经验的企业人员也参与了本书的编写。

本书由王雪松、冯欣悦、张良均担任主编，支艳利、臧艳辉、徐献圣、刘满兰担任副主编。其中，模块一、模块三和模块七由冯欣悦编写，模块二由刘满兰编写，模块四和模块六由王雪松、支艳利编写，模块五和模块九由徐献圣编写，模块八由臧艳辉编写。王雪松负责本书总体设计和统稿，张良均为本书收集资料并提供企业案例。全体人员在近一年的编写过程中付出了辛勤的汗水，在此向大家表示衷心的感谢。

在编写本书的过程中，广东泰迪智能科技股份有限公司、广州粤嵌通信科技股份有限公司提供了宝贵资源，在此表示感谢。

编　者

2021 年 3 月

目　　录

模块一
开发环境搭建

模块介绍

　　Java 是由 Sun Microsystems 公司于 1995 年 5 月推出的 Java 面向对象程序设计语言和 Java 平台的总称，一般也把 Java 语言简称为 Java。Java 由 James Gosling 和其同事共同研发，并在 1995 年正式推出。Java 是一门面向对象的编程语言，不仅吸收了 C++ 语言的各种优点，还摒弃了 C++ 中难以理解的多继承、指针等概念，具有简单性、面向对象性、分布性、稳健性、安全性、可移植性、多线程性、动态性等特性。Java 广泛应用于大数据、云计算、人工智能、物联网等领域，拥有全球最大的开发者专业社群。在全球移动互联网的产业环境下，Java 更具备了显著优势和广阔前景。本模块通过两个任务介绍 Java 开发环境的搭建，引导读者进入 Java 世界。

思维导图

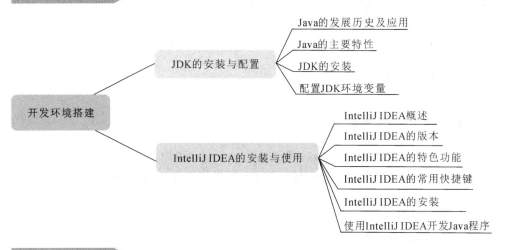

教学大纲

能力目标

◎ 能够正确安装 JDK 和 IntelliJ IDEA，并配置 Java 开发环境

◎ 能够编写简单的 Java 程序，并调试、运行

知识目标

◎ 了解 Java 的发展历史、版本、作用

◎ 掌握 Java 的特点
◎ 熟悉 Java 的运行机制
◎ 掌握 IntelliJ IDEA 开发工具的使用
学习重点
◎ JDK 的安装与配置
◎ IntelliJ IDEA 的安装与使用
学习难点
◎ JDK 环境变量的配置

任务 1.1　JDK 的安装与配置

任务目标

- 了解 Java 的概念、发展、作用及其主要特性
- 掌握 JDK 的安装与配置
- 理解 Java 的运行机制

任务描述

作为一个开发者，在使用 Java 进行开发之前需要安装和配置 Java 开发环境。JDK (Java Development Kit)是 Sun 公司为 Java 开发者提供的软件开发工具包。本任务要求读者了解 Java 程序的基本运行原理，搭建一个基本的开发平台并编写第一个 Java 程序，用于测试 JDK 环境安装配置是否成功。

知识准备

1.1.1　Java 的发展历史及应用

Java 于 1995 年 5 月由 Sun Microsystems 公司推出，可运行于多个平台，如 Windows、Mac OS 及其他多种 UNIX 版本的系统。针对不同的开发市场，Sun 公司将 Java 划分为 3 个技术平台，即 JavaSE、JavaEE 和 JavaME。

(1) JavaSE：标准版，用于开发和部署桌面、服务器以及嵌入式设备和实时环境中的 Java 应用程序。

(2) JavaEE：企业版，是 Sun 公司为企业级应用推出的标准平台，用于开发 B/S (Browser/Server，浏览器/服务器)架构软件。Java EE 可以说是一个框架，也可以说是一种规范。JavaEE 是 Java 应用最广泛的部分。

(3) JavaME：是一个技术和规范的集合，它为移动设备(包括消费类产品、嵌入式设备、高级移动设备等)提供了基于 Java 环境的开发与应用平台。

JDK 各个版本的发布时间如表 1-1 所示。

表 1-1　JDK 各个版本发布时间

版 本	名 称	发布日期
JDK 1.1.4	Sparkler(宝石)	1997-09-12
JDK 1.1.5	Pumpkin(南瓜)	1997-12-13
JDK 1.1.6	Abigail(阿比盖尔，女子名)	1998-04-24
JDK 1.1.7	Brutus(布鲁图，古罗马政治家和将军)	1998-09-28
JDK 1.1.8	Chelsea(切尔西，城市名)	1999-04-08
J2SE 1.2	Playground(运动场)	1998-12-04
J2SE 1.2.1	—	1999-03-30
J2SE 1.2.2	Cricket(蟋蟀)	1999-07-08
J2SE 1.3	Kestrel(美洲红隼)	2000-05-08
J2SE 1.3.1	Ladybird(瓢虫)	2001-05-17
J2SE 1.4.0	Merlin(灰背隼)	2002-02-13
J2SE 1.4.1	grasshopper(蚱蜢)	2002-09-16
J2SE 1.4.2	Mantis(螳螂)	2003-06-26
Java SE 5.0 (1.5.0)	Tiger(老虎)	2004-09-30
Java SE 6.0 (1.6.0)	Mustang(野马)	2006-04
Java SE 7.0 (1.7.0)	Dolphin(海豚)	2011-07-28
Java SE 8.0 (1.8.0)	Spider(蜘蛛)	2014-03-18
Java SE 9	—	2017-09-21
Java SE 10	—	2018-03-14
Java SE 11	—	2018-09-26
Java SE 12	—	2019-03-20
Java SE 13	—	2019-09-17
Java SE 14	—	2020-03-17

Java 主要应用在互联网程序的开发领域，如常见的互联网程序京东、网银系统、物流系统等就是用 Java 开发的。Java 还可以进行服务器后台数据的存储、查询、数据挖掘等。Java 的应用如图 1-1 所示。

(a) 京东首页

(b) 网银系统(中国工商银行)首页

(c) 物流系统首页

图 1-1 Java 的应用

1.1.2 Java 的主要特性

1. 简单性

Java 继承了 C++ 语言的优点,去掉了 C++ 中比较难的多继承、指针等概念,所以 Java 学习起来更简单,使用起来也更方便。

2. 面向对象性

Java 是一种面向对象的编程语言。

3. 分布性

Java 设计支持在网络上的应用,它是一种分布式语言。Java 既支持各种层次的网络连接,又以 Socket 类支持可靠的流(Stream)网络连接。

4. 稳健性

Java 刚开始被设计出来就是为了编写高可靠和稳健的软件，目前许多第三方交易系统、银行平台的前后台电子交易系统等都会用 Java 进行开发。

5. 安全性

Java 的存储分配模型是它防御恶意代码的主要方法之一。因此，很多大型企业级项目开发都会选择用 Java 来进行。

6. 可移植性

Java 并不依赖平台，用 Java 编写的程序可以运行于任何操作系统上。

7. 多线程性

Java 是一种多线程的语言，它可以同时执行多个程序(也称为轻便过程)，能处理不同任务，可支持事务并发和多任务处理。

8. 动态性

Java 设计适应于变化的环境，它是一种动态的语言。

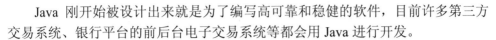

任务实施

1. JDK 的安装

JDK 是 Java 的开发工具包，可以从 Oracle 公司的网站上下载，其下载地址为 https://www.oracle.com/java/technologies/javase/javase-jdk8-downloads.html。此处以 JDK 下载后的安装文件"jdk-8u201-windows-x64.exe"(本书编写过程中选用了相对稳定的版本，随着 JDK 的更新，读者在官网可以下载最新版本)为例讲解 JDK 的安装与配置。其操作步骤如下：

(1) 双击执行安装程序"jdk-8u201-windows-x64.exe"，在打开的如图 1-2 所示的对话框中单击"下一步"按钮，进入 JDK 定制安装界面，如图 1-3 所示。

图 1-2 JDK 的安装界面

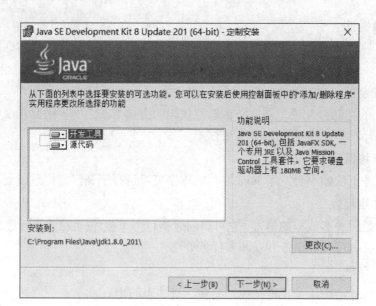

图 1-3　JDK 定制安装界面

(2) 设置安装目录，默认为 "C:\ProgramFiles\Java\jdk1.8.0_201\"，可单击 "更改" 按钮更改安装路径。

(3) 在图 1-3 中单击 "下一步" 按钮继续安装，最终完成 JDK 的安装，如图 1-4 所示。

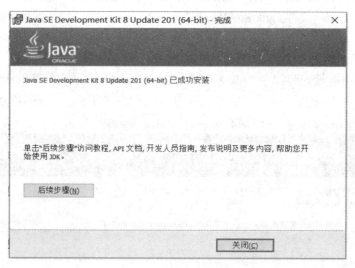

图 1-4　完成 JDK 安装

2. 配置 JDK 环境变量

安装完 JDK 后，需要对系统环境变量进行配置，才可以编译和执行 Java 程序。通常需要配置两个环境变量，即 PATH 和 CLASSPATH。其中，PATH 环境变量用于告知操作系统到指定路径去寻找 JDK，CLASSPATH 环境变量则用于告知 JDK 到指定路径去查找类文件(.class 文件)。下面以 Win10 系统为例，介绍如何配置 PATH 和 CLASSPATH 的环境变量。

1) PATH 环境变量的配置

(1) 打开环境变量窗口。右击桌面上的"此电脑"图标，从下拉菜单中选择"属性"，在出现的"系统"窗口中选择左边的"高级系统设置"选项，然后在"高级"窗口中单击"环境变量"按钮，打开"环境变量"对话框，如图 1-5 所示。

图 1-5 "环境变量"对话框

(2) 配置 JAVA_HOME 变量。单击"系统变量"列表框中的"新建"按钮，弹出"编辑系统变量"对话框，将"变量名"设置为 JAVA_HOME，"变量值"设置为 JDK 的安装目录"C:\Program Files\Java\jdk1.8.0_201\"(路径以用户 JDK 安装目录为准)，如 1-6 所示。

图 1-6 "编辑系统变量"对话框

(3) 配置 PATH 环境变量。在 Windows 系统中，由于 PATH 环境变量已经存在，所以直接修改该环境变量值即可。在"系统变量"对话框中双击 PATH，打开"编辑系统变量"对话框，单击"新建"按钮，并在变量值的文本区域设置"%JAVA_HOME%\bin"，如图 1-7 所示。

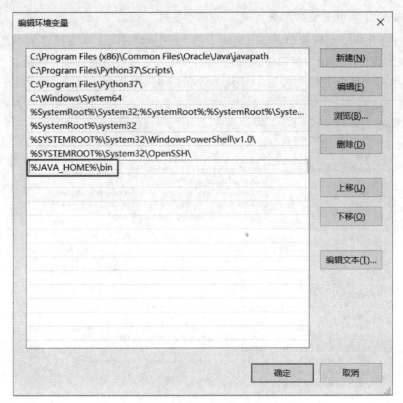

图 1-7   "编辑环境变量"对话框

2) CLASSPATH 环境变量的配置

CLASSPATH 环境变量的配置方式与 PATH 环境变量的配置方式类似，只不过新建的变量名为 CLASSPATH，而变量值为 ".;%JAVA_HOME%\lib;%JAVA_HOME%\lib\tools.jar"，如图 1-8 所示。

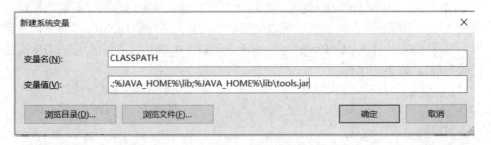

图 1-8   "新建系统变量"对话框

备注：从 JDK5 开始，如果 CLASSPATH 环境变量没有配置，那么 Java 虚拟机会自动搜索当前路径下的类文件，并且自动加载 dt.jar 和 tools.jar 文件中的 Java 类，因此可以不配置 CLASSPATH 环境变量。

3. 编译调试 Java 程序

为了验证环境变量是否配置成功，可以依次单击系统中的"开始"→"Windows 系统"→"命令提示符"(或者使用快捷键 Win+R)，在打开的运行窗口中输入 cmd 指令并确定后，将打开命令行窗口。在该窗口中执行 javac -version 命令后，如果能正常地显示 JDK 版本信息，则说明系统环境变量配置成功，如图 1-9 所示。

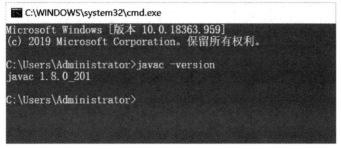

图 1-9　验证环境变量是否配置成功

接下来编写一个测试程序，测试 Java 环境的安装和配置是否成功。

Java 程序的开发运行过程如图 1-10 所示。

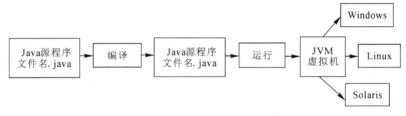

图 1-10　Java 程序的开发运行过程

1) 编写源程序

在 D 盘根目录下新建一个文本文档，重命名为 HellowWorld.java 后，再用记事本程序打开，在其中编写一段 Java 代码。

例 1-1　Example1_1.java。

```
public class Example1_1 {
    public static void main(String[] args) {
        System.out.println("Welcome to Java World!");
    }
}
```

说明：

(1) "class" 是一个关键字，用于定义一个类。

(2) "HelloWorld" 是类的名称，简称类名。

(3) "public static void main(String[] args){}" 方法是 Java 程序的执行入口。

(4) "System.out.println("Welcome to Java World! ");" 语句的作用是打印一段文本信息。

2) 编译源程序

打开命令行窗口，进入指定目录后，在命令行窗口中输入 "javac HelloWorld.java" 命令，对源文件进行编译，如图 1-11 所示。

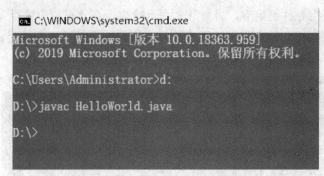

图 1-11   编译 HelloWorld.java 源文件

上面的 javac 命令执行完毕后，会在当前目录下生成一个字节码文件"HelloWorld.class"，如图 1-12 所示。

HelloWorld.java
HelloWorld.class

图 1-12   生成的 HelloWorld.class 文件

3) 运行 Java 程序

在命令行窗口中输入"java HelloWorld"命令，运行编译好的字节码文件，运行结果如图 1-13 所示。

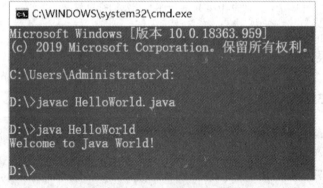

图 1-13   运行 HelloWorld 程序

实践训练

下载、安装并配置 JDK 的环境变量，编写简单的 Java 应用程序进行测试。

任务 1.2   IntelliJ IDEA 的安装与使用

任务目标

- 掌握 IntelliJ IDEA 工具的安装
- 会使用 IntelliJ IDEA 工具开发 Java 程序

任务描述

　　Java 的开发工具有多种，最简单的是"记事本"与控制台的组合，但使用记事本编写 Java 程序多有不便，使用 DOS 命令行编译和执行 Java 程序也比较烦琐，因此，程序员在开发 Java 程序时多使用集成开发环境。不同 Java 集成开发环境的使用方法是类似的，读者在学习过程中只需要掌握一种即可。本任务以 IntelliJ IDEA 为例介绍集成开发环境的基本使用。

知识准备

1.2.1　IntelliJ IDEA 概述

　　IntelliJ IDEA 是 Java 编程语言开发的集成环境。IntelliJ 是业界公认最好的 Java 开发工具之一，尤其在智能代码助手、代码自动提示、重构、JavaEE 支持、各类版本工具(git、svn 等)、JUnit、CVS 整合、代码分析、创新的 GUI 设计等方面的功能可以说是超常的。IDEA 是 JetBrains 公司的产品，这家公司总部位于捷克共和国的首都布拉格，开发人员以严谨著称的东欧程序员为主。它的旗舰版本还支持 HTML、CSS、PHP、MySQL、Python 等，免费版只支持 Java、Kotlin 等少数语言。

1.2.2　IntelliJ IDEA 的版本

　　2001 年 1 月发布 IntelliJ IDEA 1.0 版本，同年 7 月发布 2.0，接下来基本每年发布一个版本(2003 年除外)。3.0 版本之后，IDEA 屡获大奖，其中又以 2003 年赢得的"Jolt Productivity Award""JavaWorld Editors's Choice Award"为标志，从而奠定了 IDEA 在 IDE 中的地位。目前其最新版本为 IntelliJ IDEA 2021.1。

　　IntelliJ IDEA 分为 Ultimate Edition 旗舰版和 Community Edition 社区版，旗舰版可以免费试用 30 天，社区版则免费使用，但是功能上较旗舰版有所缩减。

1.2.3　IntelliJ IDEA 的特色功能

1. 智能的选取

　　在很多时候用户想要选取某个方法、某个循环或想一步步从一个变量到整个类慢慢扩充着选取，IDEA 就提供这种基于语法的选择，在默认设置中使用 Ctrl+W 可以实现选取范围的不断扩充，这种方式在重构的时候尤其显得方便。

2. 丰富的导航模式

　　IDEA 提供了丰富的导航查看模式，如使用 Ctrl+E 显示最近打开过的文件，使用 Ctrl+N 显示你希望显示的类名查找框(该框同样有智能补充功能，当你输入字母后 IDEA 将显示所有候选类名)。在最基本的 Project 视图中，还可以选择多种视图方式。

3. 历史记录功能

不用通过版本管理服务器，单纯的 IDEA 就可以查看任何工程中文件的历史记录，在版本恢复时可以很容易将其恢复。

4. 编码辅助

Java 规范中提倡的 toString()、hashCode()、equals()以及所有的 get/set 方法，不用进行任何输入就可以实现代码的自动生成，从而脱离无聊的基本方法编码。

5. 灵活的排版功能

基本所有的 IDE 都有重排版功能，但仅有 IDEA 的是灵活的，因为它支持排版模式的定制，可以根据不同的项目要求采用不同的排版方式。

6. 动态语法检测

任何不符合 Java 规范、自己预定义的规范等都将在 IDEA 页面中加亮显示。

7. 代码检查

IDEA 对代码进行自动分析，检测不符合规范、存在风险的代码，并加亮显示。

8. 智能编辑

代码输入过程中，IDEA 会自动补充方法或类。

9. 预置模板

预置模板可以把用户经常用到的方法编辑进模板，使用时只需输入简单的几个字母就可以完成全部代码的编写。例如，使用频率比较高的 public static void main(String[] args){}可以在模板中预设 pm 为该方法，只要输入 pm 再按代码辅助键，IDEA 将完成该方法的自动输入。

10. 完美的自动代码生成

IDEA 可以智能检查类中的方法，当发现方法名只有一个时自动完成代码输入，从而减少剩余代码的编写工作。

11. 不使用代码的检查

IDEA 可以自动检查代码中不使用的代码，并给出提示，从而使代码更高效。

12. 智能代码

IDEA 可以自动检查代码，若发现与预置规范有出入的代码则给出提示，程序员同意修改则自动完成修改。例如，代码"String str = "Hello IntelliJ" + "IDEA";"，IDEA 将给出优化提示，若程序员同意修改，IDEA 则会自动将代码修改为"String str = "Hello IntelliJ IDEA";"。

13. JavaDoc 预览支持

IDEA 支持 JavaDoc 预览功能，在 JavaDoc 代码中使用 Ctrl+Q 显示 JavaDoc 的结果，从而提高 Doc 文档的质量。

14. 程序员意图支持

程序员在编写代码时，IDEA 会时时检测其意图，或提供建议，或直接帮其完成代码。

1.2.4　IntelliJ IDEA 的常用快捷键

IntelliJ IDEA 的常用快捷键如表 1-2 所示。

表 1-2　IntelliJ IDEA 的常用快捷键

快捷键	功　　能
Alt + Enter	导入包，自动修正代码
Ctrl + Y	删除光标所在行
Ctrl + D	复制光标所在行的内容，插入光标位置下面
Ctrl + Alt + L	格式化代码
Ctrl + /	单行注释
Ctrl + Shift + /	多行注释，选中代码注释，再按则取消注释
Alt + Ins	自动生成 toString、get、set 等方法代码
Alt + Shift + 上下箭头	移动当前代码行

任务实施

1. IntelliJ IDEA 的安装

IntelliJ IDEA 是一个专门针对 Java 的集成开发工具(IDE)，其下载地址为 https://www.jetbrains.com/idea/download/#section=windows，此处以下载后的安装文件 "ideaIC-2019.3.2.exe" (本书编写过程中选用了该版本，随着 IDE 的更新在官网可以找到其他版本替代)为例讲解 IDEA 的安装与配置。其操作步骤如下：

(1) 双击 "ideaIC-2019.3.2.exe" 进入 IDEA 安装界面，如图 1-14 所示。

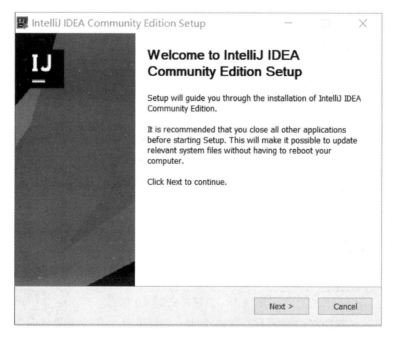

图 1-14　IDEA 安装界面

(2) 单击"Next"按钮，再在弹出的对话框中单击"Browse"按钮，自定义安装路径，如图 1-15 所示。

图 1-15　自定义安装路径

(3) 单击"Next"按钮，在弹出的对话框中配置 IDEA 安装选项，即自定义安装功能，如图 1-16 所示。

图 1-16　自定义安装功能

(4) 完成安装功能的设置后，单击"Next"按钮进入开始安装界面，如图 1-17 所示。

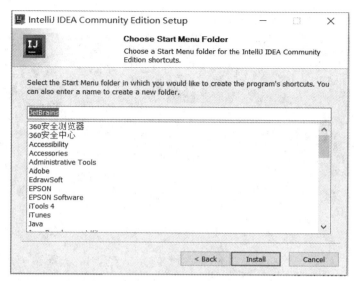

图 1-17 开始安装

(5) 安装完成后，在弹出的如图 1-18 所示的界面中勾选 "Run IntelliJ IDEA Community Edition" 项，单击 "Finish" 按钮结束安装并启动 IDEA。

图 1-18 安装完毕

2. 使用 IntelliJ IDEA 开发 Java 程序

(1) 首次启动，选择 "Do not import settings"，单击 "OK" 按钮，如图 1-19 所示。

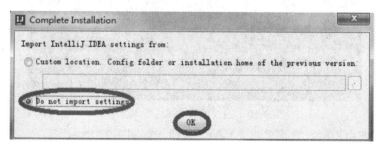

图 1-19 首次启动设置

(2) 选择 "Create New Project", 如图 1-20 所示。

图 1-20　创建工程

(3) 配置安装的 JDK8 版本, 如图 1-21 所示。

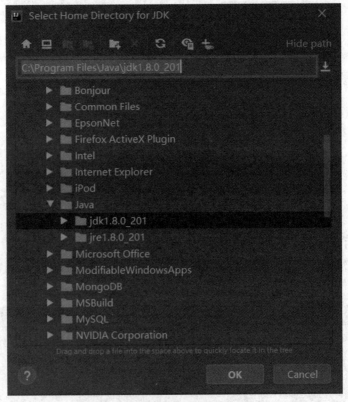

图 1-21　配置 JDK8 版本

(4) 不使用模板, 直接单击 "Next" 按钮, 如图 1-22 所示。

图 1-22　模板选择

（5）为工程起名为 demo，并存储到 D:\ideawork\demo 目录下，如果 D 盘没有这个目录，则会自动创建该目录，如图 1-23 所示。

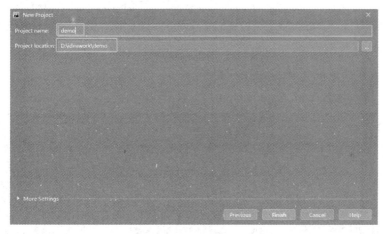

图 1-23　工程名与路径

备注： 首次新建项目时，默认的 Project Location 路径有问题，如 C:\\xxx，正确写法为 C:\xxx。更改后不会再出现此类问题。

（6）打开一个每日一帖对话框，勾掉每次启动显示，然后单击"Close"按钮关闭对话框，如图 1-24 所示。

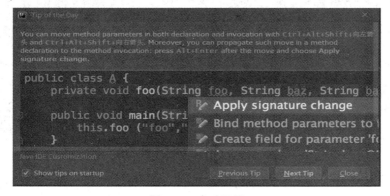

图 1-24　启动显示

(7) IDEA 的工作界面如图 1-25 所示，项目已经创建好了。如果再新建项目，则单击 File →New→Project 即可。

图 1-25　IDEA 的工作界面

(8) 展开创建的工程，在源代码目录 src 上单击鼠标右键，选择 New →Package，键入包名 com.fszy.chapter01，按回车键创建包，如图 1-26 所示。

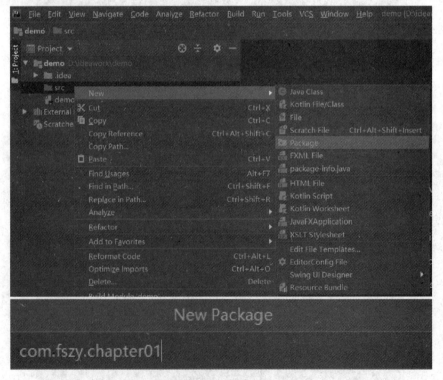

图 1-26　创建包

(9) 在创建好的包上单击鼠标右键，选择 New→Java Class 创建类，键入类名，如图 1-27 所示。

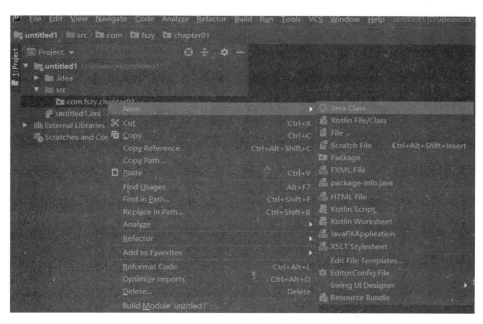

图 1-27　创建类

（10）在代码编辑区键入主方法，并输出"Welcome to Java World!"，如图 1-28 所示。

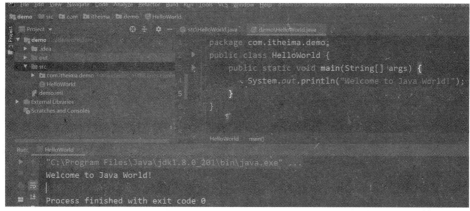

图 1-28　运行结果

实践训练

下载安装 IntelliJ IDEA 工具，并编写简单的 Java 应用程序。

小　　结

本模块主要介绍了 JDK、IntelliJ IDEA 的安装与配置。通过本模块的学习，读者能够使用 IntelliJ IDEA 开发、调试和运行 Java 程序。

课 后 习 题

一、选择题

下面可以在 Java 虚拟机中运行的文件是(　　)。

A. .java 　　　　 B. .jre 　　　　 C. .exe 　　　　 D. .class

二、填空题

1. Java 的三大体系分别是_____、_____、_____。

2. Java 程序的运行环境简称为_____。

3. 编译 Java 程序需要使用_____命令。

4. _____环境变量用来存储 Java 编译和运行工具所在的路径，而_____环境变量则用来保存 Java 虚拟机要运行的 ".class" 文件路径。

三、简答题

1. 简述 Java 的特点。

2. IntelliJ IDEA 有哪些特色功能？

3. 简述 Java 的运行机制。

模块二
Java 程序设计基础

模块介绍

　　每一种编程语言都有一套自己的语法规则，学习任何一种语言，都要从基础开始，本模块将针对 Java 的基本语法、变量、运算符、方法、结构语句以及数组等 Java 基础知识进行讲解。

思维导图

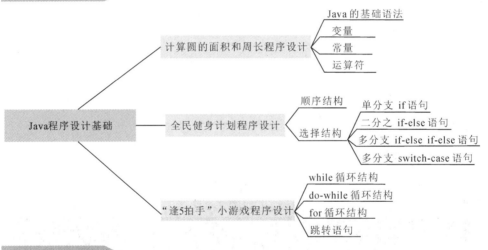

教学大纲

能力目标
◎ 能够正确地使用标志符、变量及表达式
◎ 能够用选择结构来解决生活中的实际问题
◎ 能够通过循环结构来完成程序设计

知识目标
◎ 了解标志符和关键字
◎ 了解 Java 语言中注释的方法
◎ 掌握常量和变量的定义
◎ 掌握数据类型的转换
◎ 熟悉表达式的计算方法

◎ 掌握 if 语句的结构及应用
◎ 掌握 switch 语句的定义和适用范围
◎ 掌握 while 语句的结构及应用
◎ 掌握 for 语句的结构及应用
◎ 掌握方法的定义和使用
◎ 掌握数组的定义和使用

学习重点

◎ 选择结构的应用
◎ 循环结构的应用
◎ 方法的定义

学习难点

◎ 方法的应用

任务 2.1 计算圆的面积和周长程序设计

任务目标

- 了解标志符的命名规则
- 理解变量和常量的定义
- 掌握运算符的使用
- 掌握输入/输出类的使用

任务描述

输入圆的半径，在控制台打印输出圆的周长和面积。要求：输出的周长和面积保留 3 位小数，任务 2.1 的运行结果如图 2-1 所示。

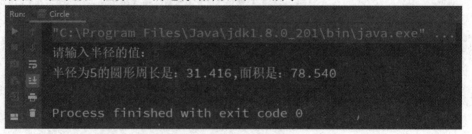

图 2-1   任务 2.1 运行结果

知识准备

2.1.1 Java 的基本语法

Java 有自己的语法规则，因此，要学习 Java，首先要熟悉其语法规则，包括标识符的命名规则、关键字的应用、注释的使用及代码书写规范等。

1. 基本语法格式

Java 程序的执行入口是 main()方法，编写 Java 程序必须先声明一个类，然后在类中编写实现功能的代码，通过 class 关键字来定义类，类的前面可以加一些修饰符来限定它的使用范围，其语法格式如下：

```
[修饰符] class 类名{
    程序代码
}
```

2. 注释

为了使代码易于阅读，通常会在实现功能的同时为代码添加一些注释，注释是对程序的某个功能或某行代码的解释说明，它能够提高程序的可读性。注释只起说明作用，在编译时会被编译器忽略。Java 中的注释分为单行注释、多行注释和文档注释。

1) 单行注释

单行注释用符号"//"表示，通常用于对程序中某一行代码进行解释说明，具体示例如下：

```
int age=10;      //定义一个整型变量 age
```

2) 多行注释

多行注释以符号"/*"开头、"*/"结尾，可以同时为多行内容进行统一解释说明，具体示例如下：

```
/*定义一个整形变量 age
将 18 赋值给变量*/
int age;
age=18;
```

3) 文档注释

文档注释以符号"/**"开头、"*/"结尾，通常是对程序中某个类或方法进行的系统性解释说明，包括标题、作者、版本和功能描述等信息，具体示例如下：

```
/**
*Title:Circle 类
*@author root
*@version 1.0
*这是一个描述圆形的类
*/
public class Circle{
        //程序
}
```

另外，需要注意的是，Java 在多行注释中可以嵌套单行注释，但多行注释中不能嵌套使用多行注释。

3. 标志符

标志符是指用来标识某个实体的符号。在编程的时候，通常需要定义一些符号来标识某些特定对象，包括变量名、参数名、方法名、类名、包名等。Java 中的标志符只能由任意顺序的大小写字母、数字、下划线(_)和美元($)符号组成，且不能以数字开头，不能用关键字，例如 username、username3、user_name、_userName、$userName 都是合法的，而 3username、class、user name 等就是不合法的。

标志符必须具备合法性，而在编程中，为了增强代码的可读性和美观性，对不同类别的标志符，提出了以下几点规范：

(1) 尽量使用有意义的英文单词来定义标志符，使得程序易于阅读，例如用 stuID 表示学号，stuName 表示学生姓名。

(2) 变量名和方法名的第一个单词首字母小写，之后的每个单词首字母大写，例如 user、userName。

(3) 常量名使用大写字母，单词之间用下划线连接，例如 ONE、TOP_ONE。

(4) 类名和接口名的每个单词首字母大写，例如 Circle、Square。

(5) 包名使用小写字母，例如 com.stu.demo01。

4. 关键字

关键字又称为保留字，是 Java 中已经定义好的具有特殊意义的单词，例如 class、int、static 等，全都是小写的，JDK8 中一共有 50 个关键字，具体如表 2-1 所示。

表 2-1　Java 关键字

abstract	assert	boolean	break	byte
case	catch	char	class	const
continue	default	do	double	else
enum	extends	final	finally	float
for	goto	if	implements	import
instanceof	int	interface	long	native
new	package	private	protected	public
return	strictfp	short	static	super
switch	synchronized	this	throw	throws
transient	try	void	this	while

2.1.2　变量

1. 变量的定义

变量就是程序运行过程中可以改变的值，用来存储临时数据和对象，变量的定义格式如下：

> 变量类型　变量名 [=初值]

上面语法格式中，[ ]中的内容表示可选，定义变量的同时可以直接为变量赋初值，也可以在后面需要用到的时候再赋值。例如：

> int age;　　　　　　//定义一个整型变量 age
> String name= "Tom"; //定义一个字符串类型的变量 name，并为 name 赋初值 "Tom "
> age=18;　　　　　　//在定义之后，给变量 age 赋值为 18

2. 变量的数据类型

在定义变量时必须声明变量的数据类型，变量赋值的数据类型必须和变量的数据类型保持一致或者能够兼容，否则程序在编译时会出现类型不匹配问题。Java 中的数据类型分为基本数据类型和引用数据类型两种，引用数据类型是指由类型的实际值引用表示的数据类型。如果为某个变量分配一个引用类型，则该变量将指向原始值，而非值本身。Java 中的所有数据类型如图 2-2 所示。

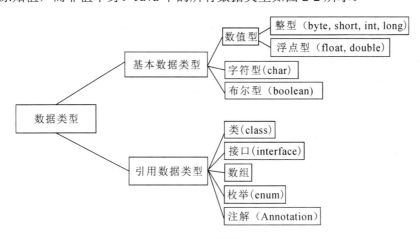

图 2-2　数据类型

1) 整数类型变量

整数类型变量用来存储整数数值，根据分配存储空间的不同，分为字节型 (byte)、短整型(short)、整型(int)和长整型(long)。这 4 种整数类型所占存储空间的大小及取值范围如表 2-2 所示。

表 2-2　整 数 类 型

类 型 名	占用空间/B	取值范围
byte	1	$-2^7 \sim 2^7-1$
short	2	$-2^{15} \sim 2^{15}-1$
int	4	$-2^{31} \sim 2^{31}-1$
long	8	$-2^{63} \sim 2^{63}-1$

当给 long 类型变量赋值超出 int 类型的取值范围时,需要在所赋值的后面加上 "L" 或 "l",表示为 long 类型,例如 2500000000L 或 2500000000l,否则默认为 int 型,会产生类型不匹配、溢出等错误。

2) 浮点数类型变量

浮点数类型变量用来存储小数数值,根据分配存储空间和数据精度的不同分为单精度浮点数(float)和双精度浮点数(double)。系统默认的小数类型为 double 类型,因此,在为 float 类型的变量赋值时,需要在值的后面加 F 或者 f,如 3.25f 或 3.25F。两种浮点数类型所占存储空间和取值范围如表 2-3 所示。

表 2-3　浮点数类型

类型名	占用空间/B	取值范围
float	4	1.4E−45～3.4E+38,−1.4E−45～3.4E+38
double	8	4.9E−324～1.7E+308,−4.9E−324～1.7E+308

3) 字符类型变量

字符类型变量用于存储一个单一的字符,Java 中字符类型用 char 关键字表示,占用 2B 的内存空间,需要用一对英文半角单引号把字符括起来,如 'c',也可以将 0～65 536 范围内的整数赋值给字符类型变量,编译系统会自动将其转化为所对应的字符。

4) 布尔类型变量

布尔类型变量用来存储布尔值,Java 中布尔类型用 boolean 关键字表示,boolean 类型变量只包括两个值:true 和 false。

3. 变量的类型转换

在编程中,数据类型之间有时需要进行转换,将一种数据类型转换成另一种数据类型,根据转换方式的不同,分为自动类型转换和强制类型转换。

1) 自动类型转换

自动类型转换又称隐式类型转换,与将小瓶中的水倒入大瓶中类似,当把一个数据类型取值范围小的数值直接赋给另一个取值范围大的数据类型变量时,系统会进行自动类型转换,两种数据类型在转换过程中不需要显式地进行声明。

2) 强制类型转换

强制类型转换也称为显式类型转换,与将大瓶中的水倒入小瓶中类似,当把一个数据类型取值范围大的数值直接赋给另一个取值范围小的数据类型变量时,或者当两种类型彼此不兼容时,可能造成数据的丢失,因此系统无法进行自动类型转换,需要开发者自己决定是否转换,这种数据类型之间的转换需要显式地声明,声明格式如下:

```
int age=18;              //定义一个整型变量 age
byte num=(int)age;       //将 int 类型的值赋值给 byte 类型的变量需要显式声明
```

2.1.3　常量

常量就是在程序中固定不变的值，是不能改变的数据。如数字 5，字符'A'，浮点数 3.25 等。常量只能被赋值一次，定义常量的语法格式如下：

```
final  常量类型  常量名 [=初始值];        //常量定义语法格式
final int ONE;                          //声明一个 int 型的常量
ONE=1;                                  //为常量赋值
final int TWO=2;                        //声明一个 int 型的常量，并赋初值
```

在 Java 中，常量包括整数常量、浮点数常量、字符常量、布尔常量等。

1. 整数常量

整数常量是整数类的数据，有二进制、八进制、十进制和十六进制 4 种表示形式，具体形式如表 2-4 所示。

表 2-4　整数常量的表示形式

进制	二进制	八进制	十进制	十六进制
形式	由 0 和 1 组成，以 0b 或 0B 开头	由 0～7(包含 0 和 7)组成，以 0 开头	由 0～9(包括 0 和 9)组成	由 0～9、A～F(包括 0、9、A、F)组成，以 0x 或 0X 开头
范例	0b1101、0B1101	072、025	395、−145	0x1F、0X325A

2. 浮点数常量

浮点数常量可以理解为数学中的小数，包括单精度浮点数常量(float)和双精度浮点数常量(double)，单精度需要以 f 或 F 结尾，双精度以 d 或 D 结尾，当小数后面不加任何后缀时，系统默认为双精度浮点型。

3. 字符常量

字符常量用于表示一个字符，需要用一对单引号 '' 引起来，包括英文字母、数字、标点符号及转义字符，如 'A'、'1'、'*' 等。

4. 字符串常量

字符串常量用于表示一串连续的字符，需要用一对双引号 " " 引起来，如 "helloworld"和"325"等。

5. 布尔常量

布尔常量即布尔类型的 true 和 false，用于区分一个条件是否成立。

6. null 常量

null 常量就是 null 值，表示对象引用为空。

2.1.4　运算符

运算符用于对数据进行算术运算、赋值和比较等操作，如 +、−、*、/、=、>、< 等，根据运算符的作用，分为算术运算符、逻辑运算符、位运算符和条件运算符。

1. 算术运算符

算术运算符是用于处理最常见的加减乘除四则运算的符号，其运算规则如表 2-5 所示。

表 2-5　算术运算符

运算符	运算	范例	结果
+	正号	a=2;+a;	2
−	负号	b=3;-b;	-3
+	加	2+3	5
−	减	2-3	-1
*	乘	2*3	6
/	除	3/2	1
%	取模	5%3	2
++	自增(前)	a=5;b=++a;	a=6,b=6
++	自增(后)	a=5;b=a++;	a=6,b=5
−−	自减(前)	a=5;b=--a;	a=4,b=4
−−	自减(后)	a=5;b=a--;	a=4,b=5

2. 赋值运算符

赋值运算符是用于对变量进行赋值的，可以把常量、变量或表达式的值赋给某一个变量，在赋值过程中，从左往右将右边表达式的结果赋值给左边的变量，具体运算规则如表 2-6 所示。

表 2-6　赋值运算符

运算符	运算	范例	结果
=	赋值	a=2;b=3;	a=2,b=3
+=	加等于	a=2;b=3;b+=a;	a=2,b=5
−=	减等于	a=2;b=3;b-=a;	a=2,b=1
*=	乘等于	a=2;b=3;b*=a;	a=2,b=6
/=	除等于	a=2;b=3;b/=a;	a=2,b=1
%=	模等于	a=2;b=3;b%=a;	a=2,b=1

在 Java 中，可以通过一条赋值语句对多个变量进行赋值，如 "a=b=c=3" 是合法的，但不能在声明时使用，另外，像 "+=" 这类特殊赋值运算符，相当于先做加法再赋值，如 "a+=3" 等价于 "a=a+3"。

3. 比较运算符

比较运算符用于对两个值的大小进行比较，其结果是一个布尔值 true 或 false，具体运算规则如表 2-7 所示。

表 2-7　比较运算符

运算符	运　算	范　例	结　果
==	等于	2==3	false
!=	不等于	2!=3	true
>	大于	2>3	false
<	小于	2<3	true
>=	大于等于	2>=3	false
<=	小于等于	2<=3	true

4. 逻辑运算符

逻辑运算符用于对布尔类型的值或表达式进行操作，结果仍然是布尔类型，具体运算规则如表 2-8 所示。

表 2-8　逻辑运算符

运算符	运　算	范　例	结　果
&	与 (当两个值都为 true 时,结果才为 true)	true&true	true
		true&flase	false
		false&true	false
		false&false	false
|	或 (只要有一个值为 true,结果就为 true)	true|true	true
		true|flase	true
		false|true	true
		false|false	flase
!	非 (与本身相反)	!true	false
		!false	true
^	异或 (当两个值不一样时才为 true)	true^true	false
		true^flase	true
		false^true	true
		false^false	false
&&	短路与 (当两个值都为 true 时,结果才为 true,若左边的值为 false,则右边的表达式不参与计算)	true&&true	true
		true&f&lase	false
		false&&true	false
		false&&false	false
||	短路或 (只要有一个值为 true,结果就为 true,若左边的值为 true,则右边的表达式不参与计算)	true|true	true
		true|flase	true
		false|true	true
		false|false	flase

5. 位运算符

位运算符是专门针对二进制数 0 和 1 进行运算的符号，主要包括~(取反)、<<(左移)、>>(右移)和>>>(无符号右移)，如 7>>3 表示将二进制的 7 右移三位，17<<2 表示将二进制的 17 左移两位。

6. 运算符优先级

当一个表达式含有多个运算符时，运算的优先次序由运算符的优先级决定，表 2-9 列出了各个运算符的优先级，数字越大优先级越低。

表 2-9　运算符优先级

优先级	运 算 符
1	. ( ) [ ]
2	++ -- ~ !
3	* / %
4	+ -
5	<< >> >>>
6	< > <= >=
7	== !=
8	&
9	^
10	|
11	&&
12	||
13	?:
14	= *= /= %= += -= <<= >>= >>>= &= ^= |=

其中的"？:"叫作三目运算符，也称三元运算符，其语法格式如下：

> 表达式 1? 表达式 2: 表达式 3

运算规则是：先对表达式 1 求值，若结果为 true 则执行表达式 2，false 则执行表达式 3。基本等价于选择结构中的 if-else 语句。

  任务实施

计算圆的面积和周长并输出到控制台。实施过程如下：

(1) 在 IDEA 的项目中创建包 com.demo01，再创建类 Circle；

(2) 在 main()方法中定义所需变量和常量；

(3) 从键盘接收输入，并转换为 int 型赋值给半径 radius；

(4) 根据周长和面积公式计算圆的周长和面积；

(5) 在控制台打印输出圆的周长和面积。

程序代码如下：

```
public class Circle {
    public static void main(String[] args) {
        final float PI=3.1415926F;          //定义常量 PI，并赋初值
        float length,area;                  //定义变量 length、area
        int radius;                         //定义变量 radius
        System.out.println("请输入半径的值：");
        //创建 Scanner 对象，接收键盘输入
        Scanner scanner=new Scanner(System.in);
        //将输入的值转为 int 类型，赋值给变量 radius
        radius=scanner.nextInt();
        length=2*PI*radius;                 //计算圆的周长
        area=PI*radius*radius;              //计算圆的面积
        //在控制台将周长和面积进行格式化输出，保留 3 位小数
        System.out.printf("半径为 %d 的圆形周长是：%5.3f，面积是：
                          %8.3f",radius,length,area);
    }
}
```

实践训练

1. 实训目的

(1) 能够熟练地运用 IDEA 开发简单的 Java 程序，包括创建工程、包、类等；

(2) 能够掌握变量和常量的声明和赋值方式；

(3) 能够掌握运算符的运算规则及优先级。

2. 实训内容

编写程序，将摄氏温度转化为华氏温度，输入摄氏温度，根据换算公式：华氏温度 = (9/5) × 摄氏温度 + 32，求对应的华氏温度值，在控制台打印输出。

任务 2.2 全民健身计划程序设计

任务目标

- 了解程序结构
- 掌握 if 语句结构
- 掌握 if-else 语句结构
- 掌握 if-else if-else 语句结构
- 掌握 switch-case 语句结构

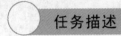

为了响应中央提出的全民健身计划，提高身体健康水平，小明制定了每周的健身计划，具体计划为周一羽毛球、周二乒乓球、周三跑步、周四游泳、周五动感单车、周六慢走、周日爬山。编写一个程序，输入星期数，显示今天的健身计划，任务 2.2 的运行结果如图 2-3 所示。

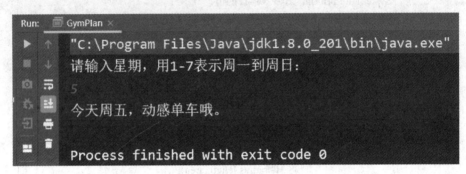

图 2-3　任务 2.2 运行结果

2.2.1　顺序结构

顺序结构是指程序语句执行按先后顺序依次进行，直到程序最后。顺序结构是程序设计中最常用的结构，大部分的程序都是依照这种从上到下的流程来设计的。

2.2.2　选择结构

在实际生活中经常需要先做一些判断，再执行相应动作，例如当我们经过十字路口的时候，先要观察路灯情况，如果是绿灯就通过，如果是红灯就等待。Java 中通过选择结构语句实现这种需求，通过判断条件决定执行哪一段代码，这种选择结构包括单分支选择结构、二分支选择结构和多分支选择结构。

1. 单分支选择结构

单分支选择结构就是只有一种选择的选择结构，用 if 关键字实现。其语法格式如下：

```
if(判断条件){
    执行语句
}
```

上述语法格式中，判断条件的值是一个布尔值，当判断条件的值为 true 时，就会执行{}中的语句，if 语句的执行流程如图 2-4 所示。

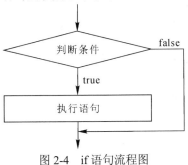

图 2-4　if 语句流程图

例 2-1　Example2_1.java。

```java
public class Example2_1 {
    public static void main(String[] args) {
        float temperatrue=28.5f;
        //若温度大于 26 度，则开启空调
        if(temperatrue>26){
            System.out.println("把空调打开");
        }
    }
}
```

2. 二分支选择结构

二分支选择结构就是有两种选择分支的结构，用 if-else 关键字实现，当满足某一种条件时进行相应处理，否则进行另一种处理。其语法格式如下：

```
if(判断条件){
    执行语句 1
}else{
    执行语句 2
}
```

上述语法格式中，当判断条件的值为 true 时，执行 if 后面{}中的执行语句 1，否则执行 else 后面{}中的执行语句 2，其执行流程如图 2-5 所示。

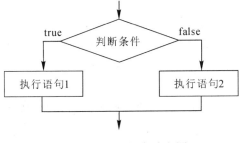

图 2-5　if-else 语句流程图

例 2-2　Example2_2.java。

```java
public class Example2_2 {
    public static void main(String[] args) {
        float temperatrue=28.5f;
        //若温度大于 26 度，则开启空调
        if(temperatrue>26){
            System.out.println("把空调打开");
        }else{
        //否则关闭空调
            System.out.println("把空调关闭");
        }
    }
}
```

3. 多分支选择结构

1) if-else if-else 语句

当有多种选择时使用多分支选择结构，采用 if-else if-else 语句实现，通过对多个条件进行判断，从而进行不同的处理。其语法格式如下：

```
if(判断条件 1){
    执行语句 1
}else if(判断条件 2){
    执行语句 2
}
…
else if(判断条件 n){
    执行语句 n
}else{
    执行语句 n+1
}
```

上述语法格式中，判断条件是一个布尔值，当判断条件 1 的值为 true 时，if 后面{}中的执行语句 1 会被执行，当判断条件 1 的值为 false 时，会继续执行判断条件 2 的值，如果判断条件 2 的值为 true，则执行语句 2 被执行，false 则继续执行判断条件 3，以此类推。如果所有判断条件的值都为 false，则 else 后面{}中的执行语句 n+1 会被执行。例如，对成绩进行等级划分时，如果大于 80 分则评为 A；否则，如果大于 70 分则评为 B；否则，如果大于 60 分则评为 C；否则，评为 D。多分支选择结构的执行流程如图 2-6 所示。

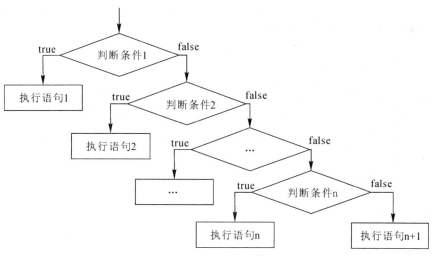

图 2-6　if-else if-else 语句流程图

例 2-3　Example2_3.java。

```java
public class Example2_3 {
    public static void main(String[] args) {
        int score=85;
        char grade;
        if(score>=80){
            grade='A';
        }else if(score>=70){
            grade='B';
        }else if(score>=60){
            grade='C';
        }else{
            grade='D';
        }
        System.out.println("成绩为"+score+"分，评为"+grade+"级。");
    }
}
```

2) switch-case 语句

switch-case 语句也可以实现多分支选择结构，由一个 switch 和多个 case 组成，与 if 条件语句不同的是，switch 语句条件表达式的结果只能是 byte、short、char、int、enum 和 string 类型。其语法格式如下：

```
switch(条件表达式){
case 目标值 1: 执行语句 1；break;
case 目标值 2: 执行语句 2；break;
    …
```

```
case 目标值 n: 执行语句 n; break;
default: 执行语句 n+1; break;
}
```

在上面的语法格式中，switch 语句将条件表达式的值与每个目标值进行比较，如果两个值相等，则执行 case 后面的语句，并通过 break 关键字跳出该 switch 语句，如果条件表达式的值与所有的目标值都不相等，则执行 default 后面的语句。接下来我们使用 switch-case 语句将成绩进行评级。

例 2-4   Example2_4.java。

```java
public class Example2_4 {
    public static void main(String[] args) {
        int score=85;
        char grade;
        switch (score/10){
            case 10:
            case 9:
            case 8: grade='A';break;
            case 7: grade='B';break;
            case 6: grade='C';break;
            default:grade='D';break;
        }
        System.out.println("成绩为"+score+"分，评为"+grade+"级。");
    }
}
```

从上面的代码中可以看出，当有多个 case 目标值执行相同的语句时，可以将这多个 case 标签并列书写，并只编写一次执行语句即可。需要注意的是，case 后的执行语句务必加上 break 语句，来跳出当前 switch 结构，否则会继续执行后面的执行语句，直到遇到 break 语句或 switch 末尾为止。另外，switch 后面的多个 case 以及 default 语句顺序可以随机，并不影响程序的执行结果。

任务实施

利用选择结构语句完成全民健身计划程序设计。实施过程如下：

(1) 在 IDEA 的项目中创建包 com.demo02，再创建类 GymPlan；

(2) 在 main()方法中定义所需变量，并从键盘接收输入；

(3) 根据计划安排编写判断语句和对应的执行语句；

(4) 在控制台打印计划内容。

程序代码如下：

(1) 使用 if-else if-else 语句实现的代码。

```java
public class GymPlan {
    public static void main(String[] args) {
        int weekDay;
        System.out.println("请输入星期，用 1-7 表示周一到周日：");
        Scanner scanner=new Scanner(System.in);
        weekDay=scanner.nextInt();
        if(weekDay==1){
            System.out.println("今天周一，打羽毛球哦。");
        }else if(weekDay==2){
            System.out.println("今天周二，打乒乓球哦。");
        }else if(weekDay==3){
            System.out.println("今天周三，跑步哦。");
        }else if(weekDay==4){
            System.out.println("今天周四，游泳哦。");
        }else if(weekDay==5){
            System.out.println("今天周五，动感单车哦。");
        }else if(weekDay==6){
            System.out.println("今天周六，慢走哦。");
        }else if(weekDay==7){
            System.out.println("今天周日，爬山哦。");
        }else{
            System.out.println("输入有误！");
        }
    }
}
```

(2) 使用 switch-case 语句实现的代码。

```java
public class GymPlan{
    public static void main(String[] args) {
        int weekDay;
        System.out.println("请输入星期，用 1-7 表示周一到周日：");
        Scanner scanner=new Scanner(System.in);
        weekDay=scanner.nextInt();
        switch(weekDay){
            case 1:System.out.println("今天周一，打羽毛球哦。");break;
            case 2 :System.out.println("今天周二，打乒乓球哦。"); break;
            case 3:System.out.println("今天周三，跑步哦。"); break;
            case 4:System.out.println("今天周四，游泳哦。"); break;
            case 5:System.out.println("今天周五，动感单车哦。"); break;
            case 6:System.out.println("今天周六，慢走哦。"); break;
            case 7:System.out.println("今天周日，爬山哦。");break;
            default:System.out.println("输入有误！");break;
        }
    }
}
```

实践训练

1. 实训目的

(1) 能够熟练地运用 IDEA 开发简单的 Java 程序，包括创建工程、包、类等；

(2) 能够掌握 if、if-else、if-else if-else 语句；

(3) 能够掌握 switch-case 语句。

2. 实训内容

编写程序，根据月份判断这个月属于什么季节，在控制台打印输出。

任务 2.3 "逢 5 拍手"小游戏程序设计

任务目标

- 了解循环结构
- 掌握 while 语句结构
- 掌握 do-while 语句结构
- 掌握 for 语句结构
- 掌握跳转语句的使用

任务描述

"逢 5 拍手"的游戏规则是：从键盘接收一个作为开始的数，顺序数数，数到有 5 或者包含 5 的倍数的数字时就拍手，编程模拟"逢 5 拍手"游戏规则，实现输出 100 以内不需要拍手的数字，需要拍手的数字则在对应位置输出"拍"。任务 2.3 的运行结果如图 2-7 所示。

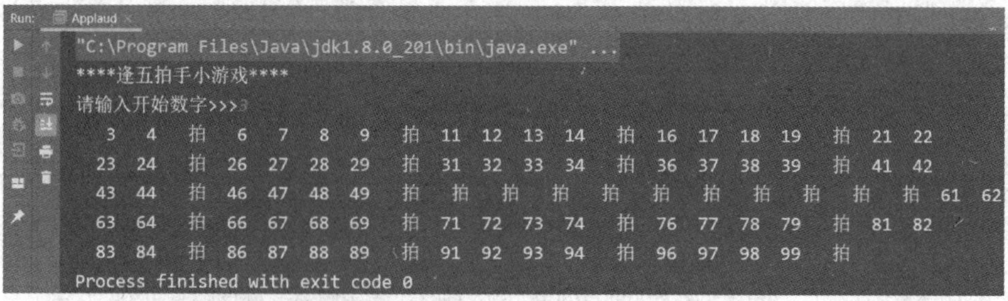

图 2-7　任务 2.3 运行结果

知识准备

在实际生活中除了需要选择判断之外，还经常会将同一件事情重复多次，如每天都需要从家里到学校或单位，打羽毛球时会重复挥拍的动作等，Java 中可以通过循环结构语句，实现一段代码的重复执行，循环结构包括 while 循环语句、do-while 循环语句和 for 循环语句三种。

2.3.1　while 循环语句

while 循环语句指当循环条件的值为 true 时重复执行一段代码，直到条件为 false 时跳出循环。其语法格式如下：

```
while(循环条件){
    执行语句
}
```

其中，循环条件也是一个表达式，它的值只能是 true 或 false，{}中的执行语句叫作循环体，当循环条件的值为 true 时才执行循环体，每次执行完循环体之后，会继续判断循环条件，直到循环条件的值为 false 时跳出循环。while 循环语句的执行流程如图 2-8 所示。

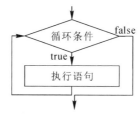

图 2-8　while 循环语句流程图

例 2-5　Example2_5.java。

```java
public class Example2_5{
    public static void main(String[] args) {
        int i=1,sum=0;   //计算 100 以内所有奇数的和
        while(i<100){
            if(i%2==1){
                sum+=i;
            }
            i++;
        }
        System.out.println("100 以内所有奇数的和是："+sum);
    }
}
```

2.3.2　do-while 循环语句

do-while 循环语句也被称为后测试循环语句，和 while 循环语句的功能类似，不同的是，它是先执行循环体，再判断循环条件，其语法格式如下：

```
do{
    执行语句
}while(循环条件);
```

do-while 循环语句先执行 do 后面{}中的执行语句，再进行循环条件判断，这样当循环条件在一开始就不成立时，循环体会执行一次，而 while 循环语句则不会执行，另外需要注意的是，do-while 循环语句中 while 后面需要加上 ";"。do-while 循环语句的执行流程如图 2-9 所示。

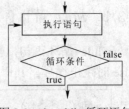

图 2-9　do-while 循环语句

例 2-6　Example2_6.java。

```java
public class Example2_6 {
    public static void main(String[] args) {
        //计算 100 以内所有奇数的和
        int i=1,sum=0;
        do{
            if(i%2==1){
                sum+=i;
            }
            i++;
        }while(i<100);
        System.out.println("100 以内所有奇数的和是："+sum);
    }
}
```

2.3.3　for 循环语句

for 循环语句是最常用的循环语句，在循环次数已知的情况下使用，也可以代替 while 循环语句，for 循环语句的语法格式如下：

```
for(初始化表达式;循环条件;循环变量操作表达式){
    执行语句
}
```

for 循环语句中包含三部分内容：初始化表达式、循环条件和循环变量操作表达式。这三部分之间用 ";" 隔开，{}中的执行语句为循环体，首先执行初始化表达式，然后判断循环条件的值，如果为 true 就去执行循环体，然后回到 for 语句中执行循环变量操作表达式，再去判断循环条件，以此类推，直到循环条件的值为 false 时跳出循环。for 循环语句的执行流程如图 2-10 所示。

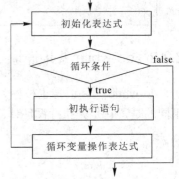

图 2-10　for 循环语句流程图

例 2-7 Example2_7.java。

```java
public class Example2_7 {
    public static void main(String[] args) {
        int sum=0;
        for(int i=1;i<=100;i++)
        {
            if(i%2==1)
            {
                sum+=i;
            }
            i++;
        }
        System.out.println("100 以内所有奇数的和是："+sum);
    }
}
```

2.3.4 跳转语句

跳转语句用来实现循环结构中程序的跳转，包括 break 和 continue 语句。

1. break 语句

break 语句用来终止当前循环，如果用在 switch 中，则可以停止当前 switch 结构，如果 break 语句出现在嵌套循环中，break 只能跳出当前层的循环，跳出之后继续执行外层循环。

例 2-8 Example2_8.java。

```java
public class Example2_8 {
    public static void main(String[] args) {
        for (int i=1;i<10;i++)
        {
            System.out.println("i="+i);
            if(i==5)
                break;
        }
    }
}
```

例 2-8 的运行结果如图 2-11 所示。通过 break 语句，中断当前循环，在控制台打印 1～5。

Run: Example1_8
"C:\Program Files\Java\jdk1.8.0_201\bin\java.exe" ...
i=1
i=2
i=3
i=4
i=5
Process finished with exit code 0

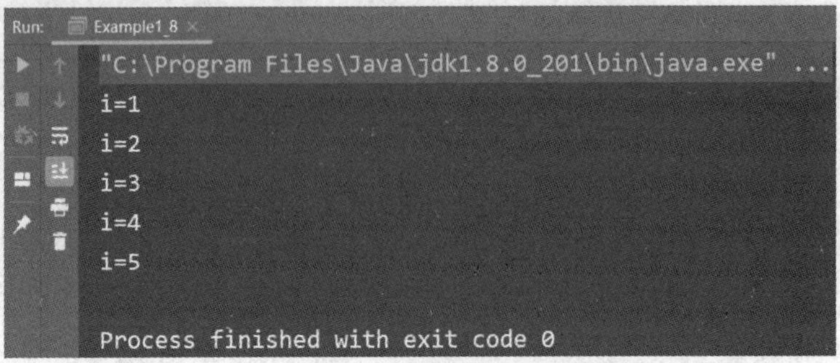

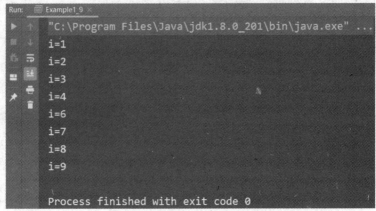

图 2-11 例 2-8 的运行结果

2. continue 语句

continue 语句用在循环语句中，终止当前循环结构的本次循环，然后继续执行下一次循环，我们把例 2-8 的 break 语句改成 continue，观察程序的运行结果发生的变化。

例 2-9 Example2_9.java。

```
public class Example2_9 {
public static void main(String[] args) {
        for (int i=1;i<10;i++){
                System.out.println("i="+i);
                if(i==5)
                        continue;
        }
    }
}
```

例 2-9 的程序运行结果如图 2-12 所示。运行之后，在控制台打印了 1～9 之间除 5 以外的所有数，continue 语句只是终止了当前的一次循环，然后继续判断循环条件，执行循环体。

Run: Example1_9
"C:\Program Files\Java\jdk1.8.0_201\bin\java.exe" ...
i=1
i=2
i=3
i=4
i=6
i=7
i=8
i=9
Process finished with exit code 0

图 2-12 例 2-9 的运行结果图

任务实施

利用循环语句完成"逢 5 拍手"的小游戏程序设计。实施过程如下：

(1) 在 IDEA 的项目中创建包 com.demo03，再创建类 Applaud；

(2) 在 main()方法中定义所需变量，并从键盘接收输入；

(3) 判断输入的值是否在 1～100 之间且不是需要拍手的数；

(4) 遍历循环从开始到 100 之间的数，判断每个数的个位、十位是否包含 5 或是 5 的倍数，如果是则打印出来这个数，否则就在对应位置上打印"拍"表示需要拍手。

程序代码如下：

```java
public class Applaud {
    public static void main(String[] args){
        int count = 0;
        Scanner scanner = new Scanner(System.in);
        System.out.println("****逢五拍手小游戏****");
        while (true){
            System.out.print("请输入开始的数字>>>");
            int i = scanner.nextInt();
            if (i > 100 || i < 0) {
                System.out.println("温馨提示：请从 1-100 的整数开始");
                System.out.println("——————————————");
            } else if (i % 5 == 0 || i % 10 == 5 || i / 10 % 10 == 5) {
                System.out.println("你是不是傻！再给你一次机会！");
                System.out.println("——————————————");
            } else {
                for (; i <= 100; i++) {
                //打印不是 5 和 5 的倍数与个位十位都不包含 5 的数
                if (i % 5 != 0 && i % 10 != 5 && i / 10 % 10 != 5) {
                    System.out.printf("%4d",i);
                } else {
                    System.out.printf("%4s","拍");
                }
            count++;
            if (count % 20 == 0) {          //一行输出 20 个结果
                System.out.println();
                }
            }
        break;     //结束 while 循环
        }
    }
    }
}
```

实践训练

1. 实训目的

(1) 能够熟练地运用 IDEA 开发简单的 Java 程序, 包括创建工程、包、类等;

(2) 能够掌握 while、do-while、for 循环语句;

(3) 能够掌握 break、continue 跳转语句。

2. 实训内容

编写程序, 根据公式 $\dfrac{\pi \times \pi}{6} = 1 + \dfrac{1}{2 \times 2} + \dfrac{1}{3 \times 3} + \dfrac{1}{4 \times 4} + \cdots + \dfrac{1}{n \times n}$ 求 π 的近似值, 在控制台打印输出。

小　结

本模块通过 3 个任务介绍了 Java 语言程序设计的基础知识, 主要介绍了 Java 中的基本语法、变量的定义、常量的定义、数据类型、数据类型的转换、运算符、运算符优先级、选择结构语句、循环结构语句、跳转语句等内容。本模块是 Java 程序设计中的基础环节, 是深入学习 Java 编程语言的前提, 可为以后的实际开发打下坚实的基础。

课 后 习 题

一、填空题

1. Java 中的数值类型包括_____和_____。

2. 需要进行显式声明的类型转换叫作_____。

3. 定义常量必须使用_____关键字。

4. 能够跳出当前循环的语句是_____, 能够跳出本次循环的语句是_____。

二、判断题

1. 自动类型转换需要进行声明。　　　　　　　　　　　　　( )

2. 当初始条件不成立时, do-while 和 while 语句的效果是一样的。 ( )

3. Java 语言区分大小写。　　　　　　　　　　　　　　( )

4. 0XAF 表示的是一个十六进制整数。　　　　　　　　　　( )

5. break 语句只能用于循环结构中。　　　　　　　　　　　( )

三、选择题

1. 下列选项中, 不合法的标志符是( )。

A. if　　　　　　　B. _uesr　　　　　C. hell0　　　　　D. $Hello

2. 假设 int a=5, 三目运算表达式 a>8?a+2:a 的运行结果是( )。

A. 0　　　　　　　B. 2　　　　　　　C. 5　　　　　　　D. 10

3. 下面代码的运行结果是(　　)。

```
int x=15;
while(x>10 && x<50){
    x++;
    if(x/3!=0){
        x++;
        break;
        }else
        continue;
    }
System.out.println( "x= ",x);
```

A．x=17　　　　B．x=16　　　　C．x=49　　　　D．x=48

四、简答题

编写程序，实现计算 " $1-\dfrac{1}{4}+\dfrac{1}{7}-\cdots+(-1)^{n+1}\dfrac{1}{3n-2}$ " 的值，其中 n 从键盘输入。

模块三
面向对象程序设计

模块介绍

　　Java 作为静态面向对象编程语言的代表，极好地实现了面向对象理论，允许程序员以优雅的思维方式进行复杂编程。本模块通过 5 个任务介绍面向对象的思想、类的定义、对象的创建与使用、类与对象之间的关系、构造方法的定义、方法的重载与重写、this 关键字、super 关键字、抽象类、接口，以及封装、继承和多态三大特征。

思维导图

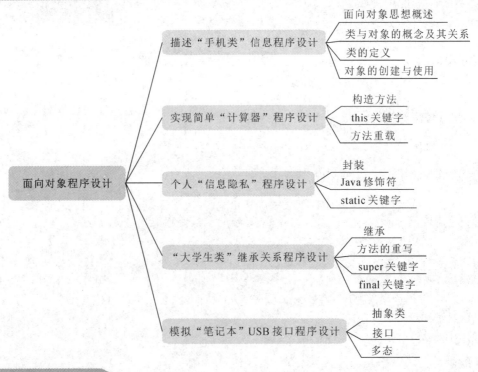

教学大纲

能力目标
◎ 能够使用面向对象的思想分析问题

◎ 能够使用继承、封装、多态来解决生活中的实际问题

◎ 能够使用抽象方法来完成程序设计

◎ 能够使用面向接口编程的思想解决实际问题

知识目标

◎ 了解面向对象的思想

◎ 了解类和对象的概念及其关系

◎ 掌握对象的创建及其使用

◎ 掌握方法的使用

◎ 掌握类的封装方式

◎ 掌握继承的语法结构和实现步骤

◎ 掌握多态的定义和适用范围

◎ 掌握抽象的概念及抽象类的定义和使用

◎ 掌握接口的定义和实现方式

◎ 掌握 this 和 super 关键字的使用

学习重点

◎ 封装的应用

◎ 继承的应用

◎ 多态的应用

◎ 接口的应用

学习难点

◎ 多态的应用

任务 3.1　描述"手机类"信息程序设计

任务目标

- 了解面向对象的编程思想
- 理解类和对象的概念以及两者之间的关系
- 掌握类的定义
- 掌握对象的创建和使用

任务描述

近年来，手机已经成为人们日常生活中不可缺少的产品，手机的功能也日趋完善。通常，手机包含品牌、价格、颜色等信息，具备打电话、发短信等功能，要求使用 Java 描述"手机类"并创建出两个实际的手机对象。任务 3.1 的运行结果如图 3-1 所示。

图 3-1　任务 3.1 运行结果

 知识准备

3.1.1　面向对象思想概述

面向对象思想是一种程序设计思想，在面向对象思想的指引下，使用 Java 去设计、开发计算机程序。这里的对象泛指现实中的一切事物，每种事物都具有自己的属性和行为。面向对象思想就是在计算机程序设计过程中，参照现实中的事物，将事物的属性特征、行为特征抽象出来，描述成计算机事件的设计思想。它区别于面向过程思想，强调的是通过调用对象的行为来实现功能，而不是自己一步一步地去操作实现。例如：

- 面向过程：把衣服脱下来→找一个盆→放洗衣粉→加水→把衣服浸泡 10 分钟→揉一揉→清洗衣服→拧干衣服→把衣服晾起来(强调步骤)。
- 面向对象：把衣服脱下来→打开全自动洗衣机→放进衣服→选择按钮→把衣服晾起来(强调过程)。

面向对象思想是一种更符合人们思考习惯的思想，它可以将复杂的事情简单化，并将执行者变成指挥者。面向对象语言包含三大基本特征，即封装、继承和多态。

1. 封装

封装是面向对象的核心思想，将对象的属性和行为封装起来，不需要让外界知道具体实现细节，这就是封装思想。例如，用户使用计算机，只需要使用鼠标和键盘就可以了，无须知道计算机内部是如何工作的，即使用户知道计算机的工作原理，但使用时并不完全依赖计算机工作原理的处理细节。

2. 继承

继承是从已有类中派生出新的类，新的类能吸收已有类的数据属性和行为，并能扩展新的功能。例如，有一个汽车类，该类描述了汽车的普通属性和功能。而轿车类中不仅应该包含汽车的属性和功能，还应该增加轿车特有的属性和功能，可以让轿车类继承汽车类，在轿车类中单独添加轿车特有的属性和功能就可以了。继承简化了人们对事物的认识和描述，能清晰体现相关类间的层次结构关系。

3. 多态

多态指的是在一个类中定义的属性和功能被其他类继承后，当子类对象被直接赋值给父类引用变量时，相同引用类型的变量调用同一个方法所呈现出的多种不同行为特征。例如，当听到"C"这个字母时，理发师的行为表现是剪发，演员的行为表现是停止表演等不同的对象，他们所表现的行为是不一样的。

3.1.2　类与对象的概念及其关系

1. 类的概念

类是一组相关属性(该事物的状态信息)和行为(该事物能够做什么)的集合，可以看成是一类事物的模板，使用事物的属性特征和行为特征来描述该类事物。

举例：手机(类)。

属性：品牌、价格、颜色。

行为：打电话、发短信。

2. 对象的概念

对象是一类事物的具体体现。对象是类的一个实例，必然具备该类事物的属性和行为。

举例：一类事物的一个实例——一部手机。

属性：HUAWEI、3000、黑色。

行为：给张三打电话、群发短信。

3. 类与对象的关系

类是对象的模板，对象是类的实例。接下来通过一个图例来描述类与对象之间的关系，如图 3-2 所示。

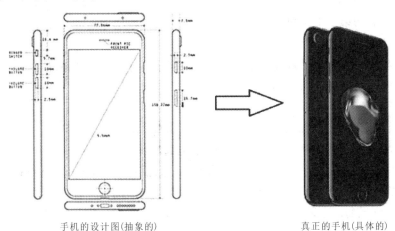

手机的设计图(抽象的)　　　　真正的手机(具体的)

图 3-2　类与对象

(1) 类是一个抽象的概念，它不存在于现实中的时间和空间里，类只是为所有的对象定义抽象的属性与行为。就好像"Person(人)"这个类，它虽然可以包含很多个体，但它本身不存在于现实世界中。

(2) 对象是类的一个具体，它是一个实实在在存在的东西。

(3) 类是一个静态的概念，类本身不携带任何数据。当没有为类创建任何对象时，类本身不存在于内存空间中。

(4) 对象是一个动态的概念。每一个对象都存在着有别于其他对象的属于自己独特的属性和行为。对象的属性可以随自身的行为发生改变。

3.1.3 类的定义

在面向对象思想中，类只有通过对象才可以使用，而在程序开发时应该先产生类，然后再产生对象。类中封装了一类对象的属性和方法，属性描述对象的特征，方法描述对象的行为。定义类的成员，包括定义其成员变量和成员方法。

1. 类的定义格式及说明

类的定义语法格式如下：

```
[修饰符] class 类名{
    //成员变量
    //成员方法
}
```

上面的语法格式中，[ ]中的内容表示可选，各部分具体说明如下：

(1) 修饰符：修饰类的修饰符有 public、abstract 和 final，也可以不写(默认)。修饰符的用法将在后续任务中介绍。包含 main()方法的类称为主类，main()方法是所有程序的入口，主类修饰符必须定义为 public。

(2) class：Java 定义类使用的关键字，用在修饰符和类名中间，使用空格隔开，并且不能改变任何一个字符的大小写。

(3) 类名：要符合 Java 的命名规范，同时名字要有意义，即能够反映出类的功能。类名的第一个字母通常大写。

2. 类的成员变量

类的成员变量也被称作类的属性，它主要用于描述对象的特征。

声明成员变量的语法格式如下：

```
[修饰符] 数据类型 变量名 [= 值];
```

上面的语法格式中，[ ]中的内容表示可选，各部分具体说明如下：

(1) 修饰符：用于指定变量的访问权限，其值可以是 public、private 等。

(2) 数据类型：可以是 Java 中的任意类型。

(3) 变量名：是变量的名称，必须符合标识符的命名规则，它可以赋予初始值，也可以不赋值。

3. 类的成员方法

类的成员方法也称为方法，主要用于描述对象的行为。

定义一个方法的语法格式如下：

```
[修饰符] [返回值类型] 方法名([参数类型 参数名 1，参数类型 参数名 2, ...]){
    //方法体
    return 返回值;
}
```

上面的语法格式中，[ ]中的内容表示可选，各部分具体说明如下：

(1) 修饰符：方法的修饰符比较多，有对访问权限进行限定的(如 public、protected、private)，有静态修饰符 static，还有最终修饰符 final 等。

(2) 返回值类型：用于限定方法返回值的数据类型，如果不需要返回值，则可以使用 void 关键字。

(3) 参数类型：用于限定调用方法时传入参数的数据类型。

(4) 参数名：是一个变量，用于接收调用方法时传入的数据。

(5) return：用于结束方法以及返回方法指定类型的值。当方法的返回值类型为 void 时，return 及其返回值可以省略。

(6) 返回值：被 return 语句返回的值，该值会返回给调用者。

例 3-1　Example3_1.java。

```java
public class Example3_1 {
    //成员变量
    String name;
    int age;
    //成员方法
    public void study(){
        System.out.println("好好学习，天天向上");
    }
    public void eat(){
        System.out.println("学习饿了，要吃饭");
    }
}
```

备注：在方法中，定义在类中的变量称为成员变量，定义在方法中的变量称为局部变量。例如：

```java
public class Student {
    int age = 10;    //成员变量
    public void speak(){
        int age = 30;    //局部变量
        System.out.println("我今年"+age+"岁了!");
    }
}
```

3.1.4　对象的创建与使用

1. 对象的创建

类是对象的模板，对象是类的实例。应用程序要想完成具体的功能，仅有类是远远不够的，还需要创建该类的实例对象。在 Java 中，使用关键字 new 来创建一个新的对象。创建对象需要以下三步：

(1) 声明：声明一个对象，包括对象名称和对象类型。

(2) 实例化：使用关键字 new 来创建一个对象。

(3) 初始化：使用 new 创建对象时，会调用构造方法初始化对象。

创建对象的语法格式如下：

```
类名 对象名称 = new 类名();
```

例如，创建 Student 类的实例对象的代码如下：

```
Student s = new Student();
```

在创建 Student 对象时，程序会占用两块内存区域，分别是栈内存和堆内存。其中，Student 类型的变量 s 被存放在栈内存中，它是一个引用，会指向真正的对象；通过 new Student()创建的对象则放在堆内存中，这才是真正的对象。

2. 对象的使用

创建类的对象是为了使用类中已定义的成员变量和成员方法。对象成员变量和成员方法的访问格式如下：

```
对象名.成员变量名;
对象名.成员方法名([参数 1，参数 2，…]);
```

例 3-2　Example3_2.java。

```java
public class Example3_2{
    public static void main(String[] args) {
        Student s = new Student();
        s.name = "张三";
        s.age = 18;
        System.out.println("我叫："+s.name+",我今年："+s.age+"岁了！");
        s.study();
        s.eat();
    }
}
```

任务实施

根据任务分析可知，手机类的成员变量包括品牌、价格和颜色，成员方法包括打电话和发短信。编写测试类分别声明对象进行调用。具体代码如下：

```java
class Phone {
    // 成员变量
    String brand; // 品牌
    double price; // 价格
    String color; // 颜色
    // 成员方法
    public void call(String who) {
```

```
            System.out.println("给" + who + "打电话");
        }
        public void sendMessage() {
            System.out.println("群发短信");
        }
    }
public class TestPhone {
    public static void main(String[] args) {
        Phone p = new Phone();
        p.brand = "Apple";
        p.price = 8388.0;
        p.color = "黑色";
        System.out.println(p.brand);
        System.out.println(p.price);
        System.out.println(p.color);
        p.call("李四");
        p.sendMessage();
    }
}
```

实践训练

编写一个"课程类"，其中成员变量包括年级、课程编号和课时数，成员方法 display()用于显示课程的信息，并编写测试类进行对象的创建。

任务 3.2　实现简单"计算器"程序设计

任务目标

- 掌握构造方法的定义和使用
- 掌握 this 关键字的使用
- 掌握方法重载的实现方式

任务描述

计算器作为一种计算工具，与人们的日常生活息息相关。本任务通过面向对象思想完成简单"计算器"的程序设计，实现计算器的加减乘除运算。任务 3.2 的运行结果如图 3-3 所示。

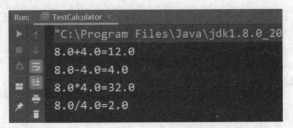

图 3-3　任务 3.2 运行结果

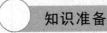

3.2.1　构造方法

在类中除了成员方法外，还有一种特殊类型的方法称为构造方法，当一个对象被创建的时候，构造方法用来初始化该对象。构造方法的特殊性体现在以下几个方面：

(1) 构造方法的名字必须与类的名字完全相同。

(2) 构造方法没有返回值。

(3) 在创建对象时，系统会自动调用类的构造方法。

(4) 构造方法一般用 public 关键字声明，这样才能在程序任意位置创建对象。

(5) 每个类至少有一个构造方法。如果不定义构造方法，Java 将提供一个默认的不带参数且方法体为空的构造方法。

构造方法的定义格式如下：

```
[修饰符]方法名([参数类型 参数名 1，参数类型 参数名 2，…]) {
    //方法体
}
```

例 3-3　Example3_3.java。

```
class Person {
    // 声明 int 类型的变量 age
    int age;
    // 定义有参构造方法
    public Person(int a) {
        age = a;        //为 age 属性赋值
    }
    // 定义 speak() 方法
    public void speak() {
        System.out.println("我今年" + age + "岁了!");
    }
}
public class Example3_3{
    public static void main(String[] args) {
```

```
        Person p = new Person(18); // 实例化 Person 对象
        p.speak();
    }
}
```

3.2.2 this 关键字

在例 3-3 中使用变量表示年龄时，成员变量使用的参数是 age，构造方法中使用的参数是 a，虽然在语法上没有任何问题，但这样的程序可读性很差。这时可以将 Person 类中表示年龄的变量进行统一命名，如都声明为 age。但是这样做又会导致成员变量和局部变量的名称冲突，为了解决这个问题，Java 提供了一个关键字 this，this 代表所在类的当前对象的引用(地址值)，即对象自己的引用(方法被哪个对象调用，方法中的 this 就代表该对象，即谁在调用，this 就代表谁)。接下来将详细讲解 this 关键字在程序中的 3 种常见用法，具体如下：

(1) 通过 this 关键字调用成员变量，解决与局部变量名称冲突问题。例 3-3 可改为：

```
class Person {
    int age;      //成员变量 age
    public Person(int age) {//局部变量 age
        this.age = age;      //将局部变量 age 的值赋值给成员变量 age
    }
    // 定义 speak() 方法
    public void speak() {
        System.out.println("我今年" + age + "岁了!");
    }
}
public class Example3_3{
    public static void main(String[] args) {
        Person p = new Person(18); // 实例化 Person 对象
        p.speak();
    }
}
```

(2) 在本类的成员方法中，访问本类的另一个成员方法。具体代码如下：

```
class Person {
// 定义 openMouth() 方法
    public void openMouth() {
        System.out.println("我张开嘴!");
    }
    // 定义 speak() 方法
```

```
public void speak() {
        this.openMouth();
        System.out.println("我今年" + age + "岁了!");
    }
}
```

在上面的 speak()方法中，使用 this 关键字调用了 openMouth()方法，此处的关键字 this 也可以省略不写。

(3) 在本类的构造方法中，访问本类的另一个构造方法。具体代码如下：

```
class Person {
    public Person() {
        System.out.println("无参的构造方法被调用了...");
    }
    public Person(int age) {
        this();             // 调用无参的构造方法
        System.out.println("有参的构造方法被调用了...");
    }
}
```

注意：

(1) 只能在构造方法中使用 this 调用其他的构造方法，不能在成员方法中使用；

(2) 在构造方法中，使用 this 调用构造方法的语句必须是该方法的第一条执行语句，且只能出现一次；

(3) 不能在一个类的两个构造方法中使用 this 互相调用。

3.2.3　方法重载

方法重载指在同一个类中，允许存在一个以上的同名方法，只要它们的参数不同即可，与修饰符和返回值类型无关。参数不同包括参数的个数不同、类型不同、顺序不同，主要体现在以下几个方面：

(1) 参数类型不同。例如：

◆ public void show(String s);

◆ public void show(int s);

(2) 参数个数不同。例如：

◆ public void show(String s,int i);

◆ public void show(String s);

(3) 参数顺序不同。例如：

◆ public void show(String s,int i);

◆ public void show(int i,String s);

例 3-4　Example3_4.java。

```java
class FlowerPoolArea{
    // 1.花池的长、宽均为整数
    public int calculate(int a,int b){
        return a*b;
    }
    // 2.花池的长、宽均为小数
    public double calculate(double a,double b){
        return a*b;
    }
    // 3.花池的长、宽相等，均为小数
    public double calculate(double a){
        return a*a;
    }
}
public class Example3_4{
    public static void main(String[] args) {
        FlowerPoolArea fpa = new FlowerPoolArea();
        System.out.println(fpa.calculate(4,5));
        System.out.println(fpa.calculate(4.1,5.2));
        System.out.println(fpa.calculate(4.1));
    }
}
```

任务实施

分析任务，运用面向对象的编程思想，定义一个计算器类，类中有两个数值型的属性，定义 4 种方法，分别实现加、减、乘、除运算。编写测试类分别声明对象进行调用。具体代码如下：

```java
class Calculator{          //定义属性
    double a,b;
    Calculator(double a,double b){
        this.a = a;
        this.b = b;
    }
    // 定义加法
    public double add(){
        return a+b;
    }
    // 定义减法
    public double sub(){
```

```
        return a-b;
    }
    // 定义乘加法
    public double mul(){
        return a*b;
    }
    // 定义除法
    public double division(){
        return a/b;
    }
}
public class TestCalculator {
    public static void main(String[] args) {
        Calculator cal = new Calculator(8.0,4.0);
        System.out.println(cal.a+"+"+cal.b+"="+cal.add());
        System.out.println(cal.a+"-"+cal.b+"="+cal.sub());
        System.out.println(cal.a+"*"+cal.b+"="+cal.mul());
        System.out.println(cal.a+"/"+cal.b+"="+cal.division());
    }
}
```

实践训练

编写一个程序，实现设置上月、本月天然气读数，显示本月、上月燃气表读数，计算并显示本月使用的燃气量，假设每方燃气费的价格为 3.4 元，计算并显示本月天然气费用。

任务 3.3   个人"信息隐私"程序设计

任务目标

- 理解封装的意义
- 掌握封装的实现步骤
- 掌握 Java 修饰符
- 掌握 static 关键字的使用

任务描述

在现实生活中，人的姓名、年龄和体重都有一定的规范。要求使用封装完成对属性的控制，当姓名、年龄、体重输入错误时，给出相应的提示。任务 3.3 的运行结果如图 3-4 所示。

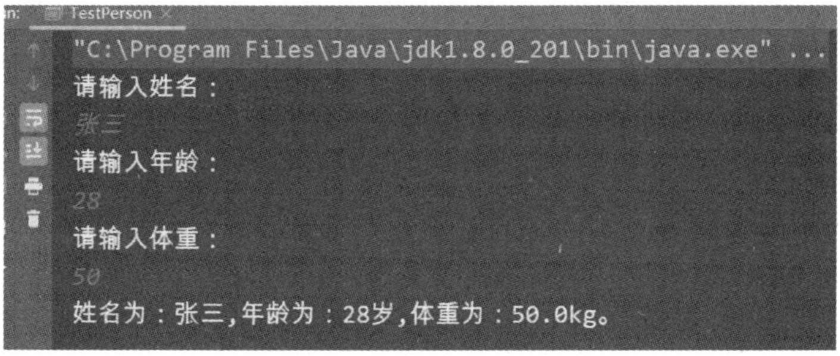

图 3-4　任务 3.3 运行结果

知识准备

3.3.1　封装

封装是面向对象的三大特征之一，理解并掌握封装对学习 Java 面向对象的内容非常重要。

1. 封装的意义

通过下面这个例子先来了解为什么需要对类进行封装。

例 3-5　Example3_5.java。

```
class Person{
    String name;
    int age;
    public void speak(){
        System.out.println("我叫"+name+",今年"+age+"岁了");
    }
}
public class Example3_5{
    public static void main(String[] args) {
        Person p = new Person();
        p.name = "张三";
        p.age = 20;
        p.speak();
    }
}
```

在例 3-5 中，通过 p.name = "张三"、p.age = 20 这两行代码对姓名和年龄进行赋值，语法上没有任何问题，但是在现实生活中姓名和年龄一般比较隐私，为了对类中的属性进行更好的控制，应该对成员变量的访问做出一些限定，这就需要用到封装。

2. 封装的概念

面向对象编程语言是对客观世界的模拟，客观世界里成员变量都是隐藏在对象内部的，外界无法直接操作和修改。

封装可以被认为是一个保护屏障，防止该类的代码和数据被其他类随意访问。要访问该类的数据，必须通过指定的方式。适当的封装可以让代码更易理解与维护，也可加强代码的安全性。

3. 封装的实现步骤

(1) 使用 private 关键字来修饰成员变量。代码如下：

```java
class Person {
    private String name;
    private int age;
}
```

(2) 对需要访问的成员变量，提供对应的一对 getXxx 方法和 setXxx 方法。

```java
class Person{
    private String name;
    private int age;
    public String getName() {
        return name;
    }
    public void setName(String name) {
        this.name = name;
    }
    public int getAge() {
        return age;
    }
    public void setAge(int age) {
        this.age = age;
    }
}
```

3.3.2 Java 修饰符

Java 提供了很多修饰符，主要分为访问修饰符和非访问修饰符两大类。访问修饰符有 private、default、protected、public 等；非访问修饰符有 static、final、abstract、adbstract、synchronized、volatile 等(将在后续章节逐一介绍)。

Java 中，可以使用访问控制符来保护对类、变量、方法和构造方法的访问。Java 支持 4 种不同的访问权限，如表 3-1 所示。

(1) private：在同一类内可见。

使用对象：变量、方法。

注意：不能修饰类(外部类)。

(2) default(即默认，什么也不写)：在同一包内可见，不使用任何修饰符。

使用对象：类、接口、变量、方法。

(3) protected：对同一包内的类和所有子类可见。

使用对象：变量、方法。

注意：不能修饰类(外部类)。

(4) public：对所有类可见。

使用对象：类、接口、变量、方法。

表 3-1　访问控制修饰符作用范围

访问范围	private	default	protected	public
同一类中	√	√	√	√
同一包中		√	√	√
子类中			√	√
全局范围				√

3.3.3　static 关键字

static 关键字可以用来修饰成员变量、成员方法以及代码块，被修饰的成员是属于类的，而不单单属于某个对象。也就是说，既然属于类，就可以不靠创建对象来调用了。

static 修饰的内容具有如下特点：

- 它是随着类的加载而加载的，且只加载一次。
- 它存储于一块固定的内存区域(静态区)，所以可直接被类名调用。
- 它优先于对象存在，所以可被所有对象共享。

1. 静态变量

当 static 修饰成员变量时，该变量称为类变量。该类的每个对象都共享同一个类变量的值。任何对象都可以更改该类变量的值，但也可以在不创建该类对象的情况下对类变量进行操作。

静态变量的定义格式如下：

```
static 数据类型 变量名；
```

例 3-6　Example3_6.java。

```java
class Person {
    static String countryName;    // 声明静态变量 countryName
}
public class Example3_6{
    public static void main(String[] args) {
        Person stu1 = new Person();         // 创建第 1 个学生对象
        Person stu2 = new Person();         // 创建第 2 个学生对象
        Person.countryName = "中国";        // 为静态变量赋值
```

```
        // 分别输出两个学生对象的信息
        System.out.println("我是" + stu1.countryName+"人");
        System.out.println("我是" + stu2.countryName+"人");
    }
}
```

2. 静态方法

当 static 修饰成员方法时，该方法称为类方法。静态方法在声明中有 static，建议使用类名来调用，而不需要创建类的对象。

静态方法的定义格式如下：

```
修饰符 static 返回值类型 方法名 (参数列表){
//执行语句
}
```

例 3-7   Example3_7.java。

```java
class Person {
    public static void say() { // 定义静态方法
        System.out.println("我是中国人，我爱中国!");
    }
}
public class Example3_7{
    public static void main(String[] args) {
        // "类名.方法" 的方式调用静态方法
        Person.say();
        // 实例化对象
        Person person = new Person();
        // "实例对象名.方法" 的方式来调用静态方法
        person.say();
    }
}
```

注意：

(1) 静态方法可以直接访问类变量和静态方法。

(2) 静态方法不能直接访问普通成员变量或成员方法；反之，成员方法可以直接访问类变量或静态方法。

(3) 静态方法中，不能使用 this 关键字。

3. 静态代码块

静态代码块：定义在成员位置，使用 static 修饰的代码块 { }。

位置：类中方法外。

执行：随着类的加载而执行且执行一次，优先于 main 方法和构造方法的执行。

定义格式如下：

```
public class ClassName{
    static {
    // 执行语句
    }
}
```

例 3-8　Example3_8.java。

```
class Person{
    static {
        System.out.println("执行了 Person 类中的静态代码块");
    }
}
public class Example3_8{
    static{
        System.out.println("执行了 Example3_8 类中的静态代码块");
    }
    public static void main(String[] args){
        // 实例化 2 个 Person 对象
        Person p1 = new Person();
        Person p2 = new Person();
    }
}
```

任务实施

根据任务分析可知：

(1) 需要定义的属性有姓名、年龄、体重，并将其设置为私有的；

(2) 分别对姓名、年龄、体重这 3 个属性设置一对 getXxx 方法和 setXxx 方法；

(3) 在类中定义相应的功能方法；

(4) 编写测试类分别声明对象进行调用。

程序代码如下：

```
import java.util.Scanner;
class Person{
    private String name;//姓名
    private int age;//年龄
    private double weight;    //体重
    public String getName() {
        return name;
    }
    public void setName(String name) {
        if(name.length()>0&&name.length()<=75){
            this.name=name;
```

```
        }else{
            System.out.println("输入姓名格式有误!!! ");
        }
    }
    public int getAge() {
        return age;
    }
    public void setAge(int age) {
        if(age>=0&&age<=150){
            this.age = age;
        }else {
            System.out.println("输入的年龄不符合规范!! ");
        }
    }
    public double getWeight() {
        return weight;
    }
    public void setWeight(double weight) {
        if (weight <= 0) {
            System.out.println("您输入体重不正确!");
        } else {
            this.weight = weight;
        }
    }
    public void personMessage(){
        System.out.println("姓名为："+name+",年龄为："+age+"岁,体重为："+weight+
        "kg。 ");
    }
}
public class TestPerson {
    public static void main(String[] args) {
        Person p= new Person();
        Scanner s1 = new Scanner(System.in);
        System.out.println("请输入姓名： ");
        String name = s1.next();
        System.out.println("请输入年龄： ");
        int age = s1.nextInt();
        System.out.println("请输入体重： ");
        double weight = s1.nextDouble();
        p.setAge(age);
```

```
            p.setName(name);
            p.setWeight(weight);
            p.personMessage();
        }
}
```

实践训练

通过封装编写水果类，模拟水果的买卖过程。要求如下：

(1) 类具有名称、价格、数量等属性；

(2) 价格不能低于 0，否则显示"水果价格不符合常规，请重新输入！"；

(3) 数量不能低于 0，否则显示"库存不足，请选择其他水果。"；

(4) 为各属性设置赋值和取值方法；

(5) 编写方法 detail()，在控制台中打印水果的基本信息。

任务 3.4　"大学生类"继承关系程序设计

任务目标

- 掌握继承的概念及其实现方式
- 掌握方法的覆盖
- 掌握 super 关键字

任务描述

大学生包括专科生和本科生，分别使用类表示这两类大学生。要求大学生类属性包括姓名和年龄，行为包括显示学生信息；专科类属性除了包括姓名和年龄，增加学历属性，行为除了包括显示学生的信息(重写父类的方法)，增加学习(内容为"我的学习侧重于实操。")的行为；本科类属性除了包括姓名和年龄，增加学历和学位属性，行为除了包括显示学生的信息(重写父类的方法)，增加学习(内容为"我的学习侧重于理论。")的行为。使用类的继承管理学生的基本信息。任务 3.4 的运行结果如图 3-5 所示。

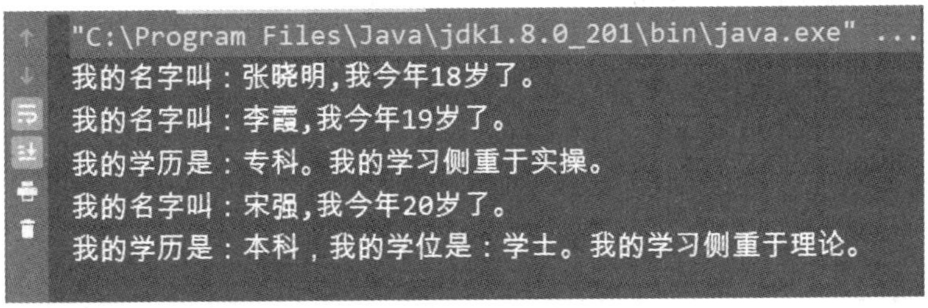

```
"C:\Program Files\Java\jdk1.8.0_201\bin\java.exe" ...
我的名字叫：张晓明,我今年18岁了。
我的名字叫：李霞,我今年19岁了。
我的学历是：专科。我的学习侧重于实操。
我的名字叫：宋强,我今年20岁了。
我的学历是：本科，我的学位是：学士。我的学习侧重于理论。
```

图 3-5　任务 3.4 运行结果

3.4.1 继承

继承是面向对象程序设计思想中最重要的一个特征。它简化了人们对事物的认识和描述，能清晰体现相关类间的层次结构关系，同时还提供了软件复用功能和多重继承机制。这种做法能减小代码和数据的冗余度，大大增加程序的重用性。

1. 继承的概念

在生活中，也存在很多继承关系，一般人会想到子女继承父辈的财产、事业等。例如，兔子和羊属于食草动物类，狮子和豹属于食肉动物类。食草动物和食肉动物又属于动物类。虽然食草动物和食肉动物都属于动物，但是两者的属性和行为有差别，所以子类既具有父类的一般特性也具有自身的特性。动物继承关系如图 3-6 所示。

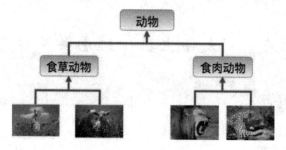

图 3-6　动物继承关系图

继承描述的是事物之间的所属关系，就是子类继承父类的属性和行为，使得子类对象具有与父类相同的属性和相同的行为。子类可以直接访问父类中的非私有属性和行为。

2. 继承的实现

继承的语法格式如下：

```
[修饰符] class  子类名  extends  父类名{
    //核心代码
}
```

例 3-9　Example3_9.java。

```java
// 定义 Animal 类
class Animal{
    String name;
    void eat(){
        System.out.println("正在吃");
    }
}
```

```
// 定义 Sheep 类继承 Animal 类
class Sheep extends Animal{
    // 显示名字信息
    public void info() {
        System.out.println("大家好！我叫"+ name);
    }
}
public class Example3_9{
    public static void main(String[] args) {
        Sheep s = new Sheep();      //创建一个 Sheep 类的实例对象
        s.name = "山羊";   //为 Sheep 类的 name 属性进行赋值
        s.info();   //调用 Sheep 类的 info()方法
        s.eat();   //调用 Sheep 类继承来的 eat()方法
    }
}
```

注意：

(1) 在 Java 中，类只支持单继承，不允许多重继承，也就是说一个类只能有一个直接父类。下面这种情况是不合法的：

```
class A{}
class B{}
class C extends A，B{}//C 类不可以同时继承 A 类和 B 类
```

(2) 多个类可以继承一个父类。

```
class A{}
class B extends A{}
class C extends A{} //类 B 和类 C 都可以继承类 A
```

(3) 在 Java 中，多层继承是可以的，即一个类的父类可以再去继承另外的父类。子类和父类是一种相对概念，也就是说一个类是某个类父类的同时，也可以是另一个类的子类。

```
class A{}
class B extends A{} //类 B 继承类 A，类 B 是类 A 的子类
class C extends B{} //类 C 继承类 B，类 C 是类 B 的子类，同时也是类 A 的子类
```

3.4.2 方法的重写

子类中出现与父类一模一样的方法时(返回值类型，方法名和参数列表都相同)，会出现覆盖效果，称为方法重写，也称为方法覆盖。

例 3-10　Example3_10.java。

```java
// 定义 Animal 类
class Animal{
    void eat(){
        System.out.println("正在吃");
    }
}
// 定义 Sheep 类继承 Animal 类
class Sheep extends Animal{
    //重写父类的方法
    void eat() {
        System.out.println("正在吃草");
    }
}
public class Example3_10{
    public static void main(String[] args) {
        Sheep s = new Sheep();//创建一个 Sheep 类的实例对象
        s.eat();   //调用 Sheep 重写的 eat()方法
    }
}
```

注意:

(1) 子类方法覆盖父类方法,必须要保证权限大于等于父类权限。例如,父类的方法是 public,子类的方法就不能是 private。

(2) 子类方法覆盖父类方法,返回值类型、函数名和参数列表都要一模一样。

3.4.3　super 关键字

通过 super 关键字可以实现对父类成员的访问。super 关键字主要有两种用法:

(1) 使用 super 关键字可以调用父类的成员变量和成员方法。

(2) 使用 super 关键字可以访问父类的构造方法。

super 关键字用来引用当前对象的父类,this 关键字是指向自己的引用。

例 3-11　Example3_11.java。

```java
// 定义 Animal 类
class Animal{
    String name = "动物";
    public Animal(){
        System.out.println("父类的构造方法");
    }
    void eat(){
```

```
                System.out.println("正在吃");
        }
}
// 定义 Sheep 类继承 Animal 类
class Sheep extends Animal{
        String name = "食草动物";
        public Sheep(){
                super();    //调用父类的构造方法
                System.out.println("子类的构造方法");
        }
        //重写父类的方法
        void eat() {
                System.out.println("正在吃草");
        }
        void eatTest() {
                this.eat();
                super.eat(); //访问父类的成员方法
        }
        //显示名字信息
        public void info() {
                        System.out.println("大家好！我是："+ super.name); //访问父类的成员变量
        }
}
public class TestAnimal03 {
        public static void main(String[] args) {
                Sheep s = new Sheep(); //创建一个 Sheep 类的实例对象
                s.eatTest();    //调用 Sheep 重写的 eat()方法
                s.info();    //调用 Sheep 的 info()方法
        }
}
```

3.4.4　final 关键字

由继承的知识可知子类可以在父类的基础上改写父类内容，如方法重写。那么能不能随意地继承 API 中提供的类并改写其内容呢？显然这是不合适的。为了避免这种随意改写的情况，Java 提供了 final 关键字，用于修饰不可改变的内容。final 关键字可以用于修饰类、变量和方法。

(1) 类：被修饰的类，不能被继承。

例 3-12　Example3_12.java。

```
//使用 final 关键字修饰 Animal 类
final class Animal {
}
//Dog 类继承 Animal 类
class Dog extends Animal {
}
//定义测试类
public class Example3_12{
    public static void main(String[] args) {
        Dog dog = new Dog(); // 创建 Dog 类的实例对象
    }
}
```

运行程序报错，如图 3-7 所示。

图 3-7　例 3-12 运行结果

(2) 方法：被修饰的方法，不能被重写。

例 3-13　Example3_13.java。

```
//定义 Animal 类
class Animal {
    // 使用 final 关键字修饰 shout()方法
    public final void eat() {
    }
}
//定义 Dog 类继承 Animal 类
class Dog extends Animal {
    // 重写 Animal 类的 shout()方法
    public void eat() {
    }
}
//定义测试类
public class Example3_13 {
    public static void main(String[] args) {
```

```
        Dog dog=new Dog();    // 创建 Dog 类的实例对象
    }
}
```

运行程序报错，如图 3-8 所示。

图 3-8　例 3-13 运行结果

(3) 变量：被修饰的变量，不能被重新赋值。

例 3-14　Example3_14.java。

```
public class Example3_14 {
    public static void main(String[] args) {
        final int NUM = 2;    // 第一次可以赋值
        //NUM = 4;    // 再次赋值会报错
    }
}
```

运行程序报错，如图 3-9 所示。

图 3-9　例 3-14 运行结果

任务实施

根据任务分析可知：

(1) 需要定义 3 个类，分别为大学生类、专科生类和本科生类，其中专科生类、本科生类继承自大学生类。

(2) 大学生类属性包括姓名、年龄，行为包括学习；专科生类属性包括姓名、年龄和学历，行为包括学习和显示学生信息(需要对父类方法进行重写)；本科生类属性包括姓名、年龄、学历和学位，行为包括学习和显示学生信息(需要对父类方法进行重写)。

(3) 编写测试类分别声明对象进行调用。

程序代码如下：

```
class CollegeStudent{
    String name;
    int age;
    public CollegeStudent(String name, int age){
        this.name = name;
        this.age = age;
    }
    public void show(){
        System.out.println("我的名字叫："+name+"，我今年"+age+"岁了。");
    }
}
class JuniorCollegeStudent extends CollegeStudent{
    String educationalBackground;
    public JuniorCollegeStudent(String name, int age, String educationalBackground){
        super(name, age);
        this.educationalBackground = educationalBackground;
    }
    public void show(){
        super.show();
        System.out.print("我的学历是："+educationalBackground+"。");
    }
    public void study(){
        System.out.println("我的学习侧重于实操。");
    }
}
class UndergraduateStudent extends CollegeStudent{
    String educationalBackground;
    String degree;
    public UndergraduateStudent(String name, int age, String educationalBackground,
String degree){
        super(name, age);
        this.educationalBackground = educationalBackground;
        this.degree = degree;
    }
    public void show(){
        super.show();
        System.out.print("我的学历是："+educationalBackground+"，我的学位是：
"+degree+"。");
    }
    public void study(){
        System.out.println("我的学习侧重于理论。");
```

```
        }
    }
public class TestCollegeStudent {
    public static void main(String[] args) {
        CollegeStudent cs = new CollegeStudent("张晓明",18);
        cs.show();
        JuniorCollegeStudent jcs = new JuniorCollegeStudent("李霞", 19, "专科");
        jcs.show();
        jcs.study();
        UndergraduateStudent us = new UndergraduateStudent("宋强", 20, "本科", "
学士");
        us.show();
        us.study();
    }
}
```

实践训练

教师一般分专任教师岗位和行政管理岗位，在两个类中一般都包含姓名、年龄、性别等基本属性，方法为显示教师信息。专任教师岗位中属性还包含职称，行政管理岗位中属性还包含职务。使用类的继承管理教师的基本信息。

任务 3.5 模拟"笔记本"USB 接口程序设计

任务目标

- 掌握抽象类的概念和实现方式
- 掌握接口的概念及其使用
- 掌握多态的使用

任务描述

笔记本电脑(简称为笔记本)通常具备使用 USB 设备的功能。在生产时，笔记本都预留了可以插入 USB 设备的 USB 接口，但具体是什么 USB 设备，笔记本厂商并不关心，只要符合 USB 规格的设备都可以。描述笔记本类，实现笔记本使用 USB 鼠标和 USB 键盘。"笔记本"USB 接口程序的具体要求如下：

(1) USB 接口，包含开启功能和关闭功能；

(2) 鼠标类，要实现 USB 接口，并具备点击的方法；

(3) 键盘类，要实现 USB 接口，并具备敲击的方法；

(4) 笔记本类，包含运行功能、关机功能和使用 USB 设备功能。

任务 3.5 的运行结果如图 3-10 所示。

图 3-10   任务 3.5 运行结果

 知识准备

3.5.1   抽象类

父类中的方法被它的子类重写，子类各自的实现都不尽相同。那么父类的方法声明和方法主体只有声明还有意义，而方法主体则没有存在的意义了。把没有方法主体的方法称为抽象方法。Java 语法规定，包含抽象方法的类就是抽象类。

1. 抽象方法

使用 abstract 关键字修饰方法，该方法就成了抽象方法，抽象方法只包含一个方法名，而没有方法体。

抽象方法的定义格式如下：

```
修饰符 abstract 返回值类型 方法名 (参数列表);
```

代码举例如下：

```
public abstract void run();
```

2. 抽象类

如果一个类包含抽象方法，那么该类必须是抽象类。

抽象类的定义格式如下：

```
abstract class 类名字 {
}
```

代码举例如下：

```
public abstract class Animal {
    public abstract void run();
}
```

例 3-15   Example3_15.java。

```
//定义抽象类 Animal
abstract class Animal {    // 定义抽象方法 eat()
    public abstract void eat();
```

```
}
//定义 Sheep 类继承抽象类 Animal
class Sheep extends Animal {
    // 实现抽象方法 eat()，编写方法体
    public void eat() {
        System.out.println("羊吃草。");
    }
}
//定义测试类
public class Example3_15{
    public static void main(String[] args) {
        Sheep sheep = new Sheep();   // 创建 Sheep 类的实例对象
        sheep.eat();   // 调用 sheep 对象的 eat()方法
    }
}
```

注意：

(1) 抽象方法必须使用 abstract 关键字来修饰，并且在定义方法时不需要实现方法体。

(2) 如果一个类中包含了抽象方法，那么该类也必须使用 abstract 关键字来修饰，这种使用 abstract 关键字修饰的类就是抽象类。

(3) 抽象类中除了有抽象方法，还包含普通方法。

(4) 抽象类是不可以被实例化的，如果想调用抽象类中定义的抽象方法，则需要创建一个子类，在子类中实现抽象类中的抽象方法。

(5) 子类必须重写父类所有的抽象方法，否则该子类也必须声明为抽象类。

3.5.2　接 口

Java 只支持单继承，不支持多继承。一般情况下，单继承就可以解决大部分子类对父类的继承问题。但当问题复杂时，若只使用单继承，可能会给设计带来很多麻烦，这时就需要用到接口。

1. 接口的定义

接口是 Java 中的一种引用类型，是方法的集合。如果说类的内部封装了成员变量、构造方法和成员方法，那么接口的内部主要就是封装了方法，包含抽象方法(JDK7 及以前)、默认方法、静态方法(JDK 8)和私有方法(JDK9)。

接口和抽象类相似，但又有一些差异，可以把接口理解为一个特殊的抽象类。

接口的定义格式如下：

```
[修饰符] interface 接口名 [extends 父接口 1,父接口 2,...] {
    // 声明常量
    [public] [static] [final] 常量类型 常量名 = 常量值;
    // 抽象方法
```

```
        [public] [abstract] 方法返回值类型 方法名([参数列表]);
        // 默认方法
        [public] default 方法返回值类型 方法名([参数列表]){
            //执行语句
        }
        // 静态方法
        [public] static 方法返回值类型 方法名([参数列表]){
            // 执行语句
        }
        // 私有方法
        private 方法返回值类型 方法名([参数列表]){
            // 执行语句
        }
    }
```

注意：在接口中定义常量时，可以省略"public static final"修饰符，接口会默认为常量添加"public static final"修饰符。与此类似，在接口中定义抽象方法时，也可以省略"public abstract"修饰符；定义 default 默认方法和 static 静态方法时，可以省略"public"修饰符；定义私有方法时，可以省略"private"修饰符。系统会默认添加这些修饰符。

2. 接口的实现

类与接口的关系为实现关系，即类实现接口，该类可以称为接口的实现类，也可以称为接口的子类。实现的动作类似继承，格式也相仿，只是关键字不同，实现使用 implements 关键字。

实现格式如下：

```
class 类名 [extends 父类名] implements 接口名 1，接口名 2，…{
    …
}
```

例 3-16　Example3_16.java。

```
//定义了 Animal 接口
interface Animal {
    int ID = 1;     // 定义全局常量
    void sleep();   // 定义抽象方法 sleep()
    // 定义一个默认方法
    default void getType(String type){
        System.out.println("该动物属于："+type);
    }
    // 定义一个静态方法
    static int getID(){
        return Animal.ID;
```

```
        }
    }
    //定义了 LandAnimal 接口，并继承了 Animal 接口
    interface LandAnimal extends Animal {
        void eat();   // 定义抽象方法 eat()
    }
    //Sheep 类实现了 LandAnimal 接口
    class Sheep implements LandAnimal {
        // 实现 breathe()方法
        public void sleep() {
            System.out.println("羊在睡觉");
        }
        // 实现 eat()方法
        public void eat() {
            System.out.println("羊在吃草");
        }
    }
    //定义测试类
    public class Example3_16{
        public static void main(String args[]) {
            System.out.println(Animal.getID()); // 通过接口名调用类方法
            Sheep sheep = new Sheep();           // 创建 Sheep 类的实例对象
            System.out.println(Sheep.ID);        // 在实现类中获取接口全局常量
            sheep.sleep();                       // 调用 sheep 对象的 sleep()方法
            sheep.getType("食草动物");            // 通过 sheep 对象调用接口默认方法
            sheep.eat();                         // 调用 sheep 对象的 eat()方法
        }
    }
```

注意：

(1) 当一个类实现接口时，如果这个类是抽象类，只需实现接口中的部分抽象方法即可，否则需要实现接口中的所有抽象方法。

(2) 一个类可以通过 implements 关键字同时实现多个接口，被实现的多个接口之间要用英文逗号(,)隔开。

(3) 接口之间可以通过 extends 关键字实现继承，并且一个接口可以同时继承多个接口，接口之间用英文逗号(,)隔开。

(4) 一个类在继承一个类的同时还可以实现接口，此时 extends 关键字必须位于 implements 关键字之前。

(5) 接口中无法定义成员变量，但是可以定义常量，其值不可以改变，默认使用 public static final 修饰。

(6) 接口中没有构造方法，不能创建对象。

(7) 接口中没有静态代码块。

3.5.3　多态

多态是继封装、继承之后，面向对象的第三大特征。

生活中，比如跑的动作，小猫、小狗和大象，跑起来是不一样的。再比如飞的动作，昆虫、鸟类和飞机，飞起来也是不一样的。可见，同一行为通过不同的事物，可以体现出不同的形态。多态描述的就是这样的状态。

1. 多态的概念

多态是同一个行为具有多个不同表现形式或形态的能力。

多态就是同一个接口，使用不同的实例可执行不同操作，打印机的多态示意图如图 3-11 所示。

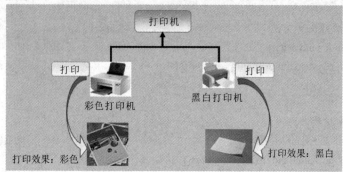

图 3-11　打印机的多态示意图

2. 多态的体现

多态体现的格式如下：

```
父类类型 变量名 = new 子类对象；
变量名.方法名();
```

父类类型是指子类对象继承的父类类或者实现的父接口类型。

例 3-17　Example3_17.java。

```java
//定义抽象类 Animal
abstract class Animal {
    abstract void eat(); // 定义抽象 eat()方法
}
//定义 Sheep 类继承 Animal 抽象类
class Sheep extends Animal {
    // 实现 eat()方法
    public void eat() {
        System.out.println("羊吃草");
    }
}
//定义 Dog 类继承 Animal 抽象类
class Dog extends Animal {
```

```
        // 实现 eat()方法
        public void eat() {
            System.out.println("狗吃骨头");
        }
    }
//定义测试类
public class Example3_17{
    public static void main(String[] args) {
        // 多态形式，创建对象
        Animal a1 = new Sheep();
        // 调用的是 Sheep 的 eat
        a1.eat();
        // 多态形式，创建对象
        Animal a2 = new Dog();
        // 调用的是 Dog 的 eat
        a2.eat();
    }
}
```

3. 引用类型转换

多态的引用类型转换分为向上转型与向下转型两种。

(1) 向上转型：子类类型向父类类型转换的过程，这个过程是默认的。

当父类引用指向一个子类对象时，便是向上转型。

使用格式如下：

```
父类类型 变量名 = new 子类类型();
如：Animal a = new Dog();
```

(2) 向下转型：父类类型向子类类型转换的过程，这个过程是强制的。

一个已经向上转型的子类对象，将父类引用转为子类引用，可以使用强制类型转换的格式，便是向下转型。

使用格式如下：

```
子类类型 变量名 = (子类类型) 父类变量名;
如:Dog dog =( Dog) a;
```

当使用多态方式调用方法时，首先检查父类中是否有该方法，如果没有则编译错误。也就是说，不能调用子类拥有而父类没有的方法。这也是多态给我们带来的一点"小麻烦"。所以，想要调用子类特有的方法，必须做向下转型。

例 3-18 Example3_18.java。

```
//定义接口 Animal
interface Animal {
    void eat(); // 定义抽象 eat()方法
```

```
}
//定义 Dog 类实现 Animal 接口
class Dog implements Animal {
    // 实现 eat()方法
    public void eat() {
        System.out.println("狗吃骨头");
    }
    // 定义 Dog 类特有的看门 watchDoor()方法
    public void watchDoor() {
        System.out.println("狗看门");
    }
}
//定义测试类
public class Example3_18{
    public static void main(String[] args) {
        // 向上转型
        Animal a1 = new Dog();
        a1.eat();
        a1.watchDoor();
    }
}
```

程序编译出错，如图 3-12 所示。

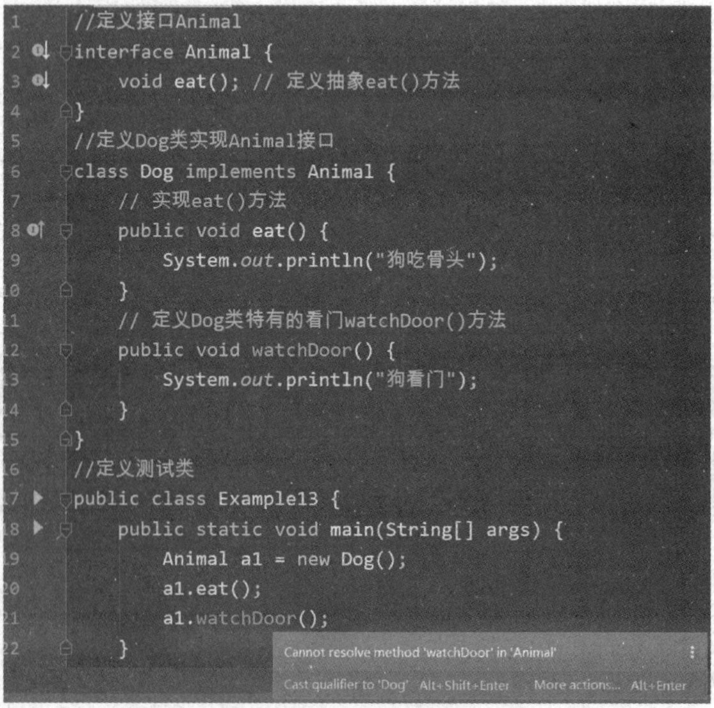

图 3-12　例 3-18 运行结果

从图 3-12 中可以看出，程序编译出现了"Cannot resolve method 'watchDoor' in 'Animal'"的错误，原因在于，创建 Dog 对象时指向了 Animal 父类类型，这样新创建的 Dog 对象会自动向上转型为 Animal 类，然后通过父类对象 a1 分别调用了 eat()方法和子类 Dog 特有的 watchDoor()方法，而 watchDoor()方法是 Dog 类特有的，所以通过父类对象调用时，在编译期间就会报错。例 3-13 中通过"new Dog()"创建的对象本质就是 Dog 类型，所以通过 Dog 类型对象调用 watchDoor()方法是可行的。因此，要解决例 3-18 的问题，可以将父类类型的对象 a1 强转为 Dog 类型。

```java
//定义测试类
public class Example13 {
    public static void main(String[] args) {
        Animal a1 = new Dog();
        Dog dog = (Dog) a1;
        dog.eat();
        dog.watchDoor();
    }
}
```

任务实施

根据任务分析可知：

(1) 定义 USB 接口，包含开启功能和关闭功能的抽象方法；

(2) 定义笔记本类，包含运行功能、关机功能和使用 USB 设备功能的方法；

(3) 定义鼠标类，实现 USB 接口，并具备点击的方法；

(4) 定义键盘类，实现 USB 接口，并具备敲击的方法；

(5) 编写测试类进行测试。

程序代码如下：

```java
interface UsbInterface {
    void open(); // 打开设备
    void close(); // 关闭设备
}
// 定义键盘类实现接口
class Keyboard implements UsbInterface {
    public void open() {
        System.out.println("打开键盘");
    }
    public void close() {
        System.out.println("关闭键盘");
    }
    public void type() {
        System.out.println("键盘输入");
```

```
        }
    }
    // 定义鼠标类实现接口
    class Mouse implements UsbInterface {
        public void open() {
            System.out.println("打开鼠标");
        }
        public void close() {
            System.out.println("关闭鼠标");
        }
        public void click() {
            System.out.println("鼠标点击");
        }
    }
    class Computer {
        public void powerOn() {
            System.out.println("笔记本电脑开机");
        }
        public void powerOff() {
            System.out.println("笔记本电脑关机");
        }
        // 使用 USB 设备的方法，使用接口作为方法的参数
        public void useDevice(UsbInterface uif) {
            uif.open(); // 打开设备
            if (uif instanceof Mouse) {
                Mouse mouse = (Mouse) uif; // 向下转型
                mouse.click();
            } else if (uif instanceof Keyboard) {
                Keyboard keyboard = (Keyboard) uif; // 向下转型
                keyboard.type();
            }
            uif.close(); // 关闭设备
        }
    }
    public class TestUsbInterface {
        public static void main(String[] args) {
            // 创建笔记本对象
            Computer c =new Computer();
            // 笔记本开启
            c.powerOn();
            // 创建鼠标对象
            UsbInterface ufi1 = new Keyboard();
```

```
        // 笔记本使用鼠标
        c.useDevice(ufi1);
        // 创建键盘对象
        UsbInterface ufi2 = new Mouse();
        // 笔记本使用键盘
        c.useDevice(ufi2);
        // 笔记本关闭
        c.powerOff();
    }
}
```

实践训练

现有正方形(边长为 5 m)及圆形(半径为 3 m)花池各一个，通过接口分别完成正方形、圆形花池的周长和面积的计算。要求如下：

(1) 设计一个 FlowerBed 接口和它的两个实现类 Square(正方形)和 Circle(圆形)。FlowerBed 接口中包含抽象方法 perimeter(周长)和 area(面积)。

(2) Square 和 Circle 类中实现 FlowerBed 接口的 perimeter()、area()抽象方法，分别求正方形和圆形的周长、面积并返回。

(3) 编写测试类进行测试。

小　结

本模块通过 5 个任务介绍了面向对象的基础知识，介绍了面向对象的思想、类的定义、对象的创建与使用、类与对象之间的关系、构造方法的定义、方法的重载与重写、this 关键字、super 关键字、抽象类、接口，以及封装、继承、多态三大特征。本模块是面向对象程序设计中最为重要的一部分，深入理解面向对象的思想，对以后的实际开发有很大的意义。

课 后 习 题

一、填空题

1. 面向对象的三大特征是_____、_____和_____。

2. 定义一个类，必须使用关键字_____。

3. 所谓类的封装是指在定义一个类时，将类中的属性私有化，即使用_____关键字来修饰。

4. 定义一个 Java 类时，如果前面使用_____关键字修饰，那么该类不可以被继承。

5. 在 Java 语言中，所有的类都直接或间接继承自_____类。

6. 在 Java 中，this 用来代表_____对象。

7. 一个类如果实现一个接口，那么它就需要实现接口中定义的全部_____，否则该类就必须定义成_____。

8. 被 static 关键字修饰的成员方法被称为_____。

9. 声明接口的关键字是_____。

10. 一个类可以从其他类派生出来，派生出来的类称为_____。

二、判断题

1. 类中的方法可以定义在类体外。(　　　)

2. 在定义一个类时，如果类的成员被 private 所修饰，则该成员不能在类的外部被直接访问。(　　　)

3. Java 规定，任何一个子类的构造方法都必须调用其父类的构造方法(包括隐式调用)，并且调用父类构造方法的语句必须是子类构造方法的第一条语句。(　　　)

4. 类中 static 修饰的变量或方法，可以使用类名或对象的引用变量访问。(　　　)

5. 抽象方法必须定义在抽象类中，所以抽象类中的方法都是抽象方法。(　　　)

6. Java 中被 final 关键字修饰的变量，不能被重新赋值。(　　　)

7. 抽象方法是一种只有说明而无具体实现的方法。(　　　)

8. 实现接口的类不能是抽象类。(　　　)

9. 如果在定义一个类时没有用到关键字 extends，则这个类没有直接父类。(　　　)

10. 在 Java 中，一个类只能实现一个接口。(　　　)

三、选择题

1. 在 Java 中，关于构造方法，下列说法错误的是(　　　)。

A. 构造方法的名称必须与类名相同

B. 构造方法可以带参数

C. 构造方法不可以重载

D. 构造方法绝对不能有返回值

2. 下列类定义中，不正确的是(　　　)。

A. class x { }

B. class x extends y { }

C. static class x implements y1,y2 { }

D. public class x extends Applet { }

3. 以下有关类的继承的叙述中，正确的是(　　　)。

A. 子类能直接继承父类所有非私有属性，也可通过接口继承父类的私有属性

B. 子类只能继承父类的方法，不能继承父类的属性

C. 子类只能继承父类的非私有属性，不能继承父类的方法

D. 子类不能继承父类的私有属性

4. 在 Java 中，针对类提供 4 种访问级别，以下控制级别由小到大依次列出，正确的是(　　　)。

A．private、default、protected 和 public

B．default、private、protected 和 public

C．protected、default、private 和 public

D．protected、private、default 和 public

5．方法重载是指(　　)。

A．两个或两个以上的方法取相同的方法名，但形参的个数或类型不同

B．两个以上的方法取相同的名字和具有相同的形参个数和类型

C．两个以上的方法名字不同，但形参的个数或类型相同

D．两个以上的方法取相同的方法名，并且方法的返回类型相同

6．在 Java 中，要想让一个类继承另一个类，可以使用的关键字是(　　)。

A．inherits　　　B、implements　　　C．extends　　　D．modifies

7．下列关于抽象方法的描述，正确的是(　　)。

A．可以有方法体　　　　　　B．可以出现在非抽象类中

C．是没有方法体的方法　　　D．抽象类中的方法都是抽象方法

8．this 和 super(　　)。

A．都可以用在 main()方法中　　　B．都是指一个内存地址

C．不能用在 main()方法中　　　　D．意义相同

9．下列选项中关于 Java 封装的说法错误的是(　　)。

A．封装就是将属性私有化，提供共有的方法访问私有属性

B．属性的访问方法包括 setter 方法和 getter 方法

C．setter 方法用于赋值，getter 方法用于取值

D．包含属性的类都必须封装属性，否则无法通过编译

10．A 派生出子类 B，B 派生出子类 C，并且在 Java 源代码中有如下声明：

1. A a1=new A( );

2. A a2=new B( );

3. A a3=new C( );

以下说法正确的是(　　)。

A．只有第 1 行能通过编译

B．第 1、2 行能通过编译，但第 3 行编译出错

C．第 1、2、3 行能通过编译，但第 2、3 行运行时出错

D．第 1 行、第 2 行和第 3 行的声明都是正确的

四、简答题

1．简述 Java 面向对象特征。

2．简述方法重载与重写的区别。

3．简述 Java 的多态特征。

4．简述抽象类和接口的区别。

模块四
数组与异常程序设计

模块介绍

数组是具有相同数据类型的一组数据的集合。例如，球类的集合——篮球、排球、足球等，电器集合——洗衣机、电视机、空调等。数组中的每一个数据称为元素，数组中的每个元素数据类型要求相同，可以是基本数据类型、复合数据类型和数组类型等。在程序设计中，引入数组可以有效地管理和处理数据。根据数组的维度可以将数组分为一维数组和多维数组。本模块主要围绕一维数组和二维数组进行详细讲解。

思维导图

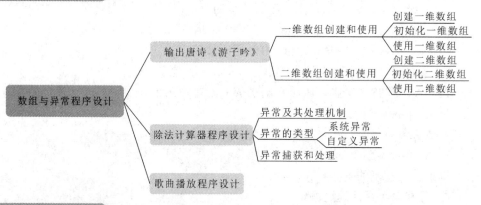

教学大纲

能力目标

◎ 能够使用双重 for 语句实现二维数组循环操作

◎ 能够使用 try-catch-finally 语句进行异常程序处理

知识目标

◎ 掌握一维数组创建和使用的方法

◎ 掌握二维数组创建和使用的方法

◎ 理解异常的概念和用途

◎ 掌握 try-catch-finally 语句及结构的使用方法

◎ 掌握自定义异常的创建和抛出方法

学习重点

◎ 二维数组创建和使用

◎ try-catch-finally 语句及结构的使用方法

学习难点

◎ 二维数组创建和使用

任务4.1 输出唐诗——《游子吟》

任务目标

· 掌握一维数组的创建和使用方法

· 掌握二维数组的创建和使用方法

任务描述

游子吟

慈母手中线，游子身上衣。

临行密密缝，意恐迟迟归。

谁言寸草心，报得三春晖。

利用双重 for 语句将《游子吟》以上文格式输出到控制台。

知识准备

4.1.1 一维数组创建和使用

一维数组本质上是一组相同类型的数据按照一定顺序排列的集合。使用数组可以将同一类型的数据存储在连续的存储空间。当程序需要处理或者传递一组数据时，可以采用这种类型的数组。

1. 创建一维数组

Java 中使用数组之前必须先对其进行声明、创建，也就是先声明再创建，然后使用。声明数组只是给出了数组名字和元素的数据类型；创建数组是为数组元素分配内存单元，形成一个数组对象。创建一个数组，一般需要经历两个步骤：

(1) 声明(定义)一维数组变量。

(2) 创建数组，为数组分配内存单元。

具体的，一维数组的创建过程有两种方式：

(1) 先声明，再使用 new 关键字进行内存分配。

声明数组包括数组的名字、数组所包含元素的数据类型。

声明一维数组有以下两种格式：

格式一：数组元素类型 数组名字[];

格式二：数组元素类型[] 数组名字;

例如：

```
int num[];
int[] num;
```

数组元素类型决定了数组的数据类型，它可以是 Java 中任意的数据类型，包括简单数据类型和复合类型。数组名是一个合法的标识符，符号"[]"指明该变量是一个数组类型的变量。单个"[]"表示要创建的是一个一维数组。

声明数组让程序知道，需要开辟一段连续的内存区域用于存储一组数据类型相同的数据，如 int num[]表示在 num[]数组中有多个 int 类型的数据变量，但个数不明确。声明数组不能开辟空间，只是说明了数组的名字和数据类型，因此还要对其指明元素个数，分配数组元素空间。

创建数组实质就是为数组分配内存单元，形成一个数组对象，在为数组分配内存单元前必须指明数组的长度。数组作为对象允许使用 new 关键字进行内存分配。其语法格式如下：

```
数组名字 = new 数组元素类型[数组元素个数];
```

其中，数组元素个数指数组中变量的个数，即数组长度。

例如：

```
num = new int[6];
```

以上代码表示创建一个有 6 个元素的整型数组，并且将创建的数组对象赋给引用变量 num，即引用变量 num 引用这个数组，其内存结构如图 4-1 所示。

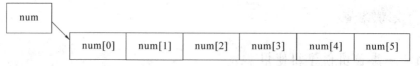

图 4-1　一维数组内存结构示意图

在图 4-1 中，num 为数组名字，方括号"[]"中的值为数组下标。数组通过下标来区分数组中不同的元素。数组下标从 0 开始，由于 num 数组中有 6 个元素，所以下标为 0~5。

(2) 声明的同时为数组分配内存。

将声明和创建过程合并为一步来完成数组的创建过程，其语法格式如下：

```
数组元素类型 数组名字[] = new 数组元素类型[数组元素个数];
```

例如：

```
int num = new int[6];
```

2. 初始化一维数组

数组初始化其实就是数组创建的过程。数组初始化可分为静态初始化和动态初始化，静态初始化就是在定义数组的同时为数组元素赋初值。动态初始化是使用 new 为数组分配空间。

静态初始化的简化格式如下：

```
数组数据类型 数组名字[] = {数据 1，数据 2…数据 m};
```

例如：

```
int num[]={1,2,3,4,5,6};
```

动态初始化的简化格式如下：

第 1 步：数组数据类型　数组名字[]；

第 2 步：数组名字 ＝new　数组数据类型[数据元素个数]；

第 3 步：数组名字[下标]=初值；

例如：

```
int num[];
num = new int[6];
num[0]=1;
num[1]=2;
num[2]=3;
num[3]=4;
num[4]=5;
num[5]=6;
```

3. 使用一维数组

数组是 Java 中常用的一种数据结构，例 4-1 使用一维数组将一年 12 个月各月的天数输出。

例 4-1　Example4_1.java。

```java
public class Example4_1 {
    public static void main(String args[]){
        int day[] = {31,28,31,30,31,30,31,31,30,31,30,31};
        for(int i=0;i<day.length;i++){
            System.out.println((i+1)+"月有"+day[i]+"天");
        }
    }
}
```

运行结果如图 4-2 所示。

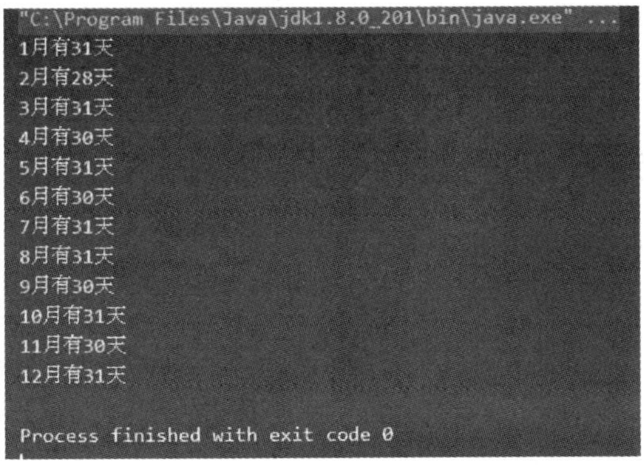

```
"C:\Program Files\Java\jdk1.8.0_201\bin\java.exe" ...
1月有31天
2月有28天
3月有31天
4月有30天
5月有31天
6月有30天
7月有31天
8月有31天
9月有30天
10月有31天
11月有30天
12月有31天

Process finished with exit code 0
```

图 4-2　例 4-1 运行结果

排序是根据关键字的大小将数组重新排列。常用的排序方法有冒泡排序、选择排序和快速排序等。本节主要介绍冒泡排序。冒泡排序的基本思想是将待排序的数据放在数组中，自前向后依次两两比较，如果满足后者小于前者，交换顺序，直到比较最后一位，即可将数据序列的第一个最大的数据选出并放到最后一位，小的元素就像气泡一样从底部升到顶部。

例 4-2　Example4_2.java。

简单的冒泡排序，按关键字由小到大排列一组整数。

```java
public class Example4_2 {
    public static void main(String[] args) {
        //创建一个数组
        int[] array = {64, 5, 25, 2, 4, 16};
        //创建冒泡排序类的对象
        Example4_2 sorter = new Example4_2();
        //调用排序方法将数组排序
        sorter.sort(array);
    }
    /**
     * 冒泡排序
     */
    public void sort(int[] array) {
        for (int i = 0; i < array.length-1; i++) {
            for (int j = 0; j < array.length-1; j++) {
                //比较相邻数据大小，较大数据向后冒泡
                if (array[j] > array[j + 1]) {
                    int temp = array[j];
                    array[j] = array[j + 1];
                    array[j + 1] = temp;
                }
            }
        }
        showArray(array);
    }
    /**
     * 显示数组中的所有元素
     */
    public void showArray(int[] array) {
        //遍历数组，并输出每一个元素值
        for (int i : array) {
            System.out.print(">"+i);
        }
        System.out.println();
```

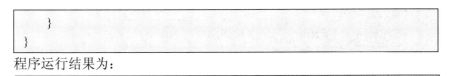

```
        }
    }
```

程序运行结果为:

>2 >4 >5 >16 >25 >64

4.1.2 二维数组创建和使用

二维数组是一种特殊的一维数组。

1. 创建二维数组

二维数组和一维数组的声明、创建、初始化类似。二维数组的创建同样也有两种方式:

(1) 先声明,再用 new 关键字进行内存分配。

第 1 步:数组元素类型 数组名字[][];或数组元素类型[][] 数组名字;

第 2 步:当确定行数和列数时,数组名字 = new 数组元素的类型[行数][列数];当列数不确定时,数组名字 = new 数组元素的类型[行数][];

和一维数组一样,二维数组在声明的时候也没有分配内存空间,需要使用 new 关键字来分配内存,然后才可以访问每个元素。

例如:创建一个 2*4 的二维数组 a,即 a 包含两个长度为 4 的一维数组。

```
int a[][];
a = new int[2][4];
```

其内存结构如图 4-3 所示。

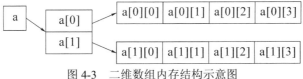

图 4-3 二维数组内存结构示意图

(2) 声明的同时为数组分配内存。

当确定了二维数组的行数和列数时:

数组元素类型 数组名字[][]= new 数组元素的类型[行数][列数];

例如:

```
int arr[][]=new int[2][4];
当不确定二维数组的长度时:
数组元素类型 数组名字[][]= new 数组元素的类型[行数][];
```

例如:

```
int arr[][]=new int[2][];
arr[0]=new int[2];
arr[1]=new int[3];
```

其内存结构如 4-4 所示。

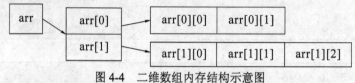

图 4-4　二维数组内存结构示意图

2. 初始化二维数组

二维数组初始化语法格式如下：

> 数组元素类型　数组名字[][]={{数据 1…数据 m}…{数据 1…数据 n}};

例如：初始化二维数组。

> int myarr[][] = {{13,1},{46,11}};

初始化数组后，要明确数组的下标都是从 0 开始的，如 myarr[1][1]=11。

3. 使用二维数组

完成二维数组的初始化后，可以使用数组名.length 来获得行数，可以使用数组名[行下标].length 来获得每行的长度，通过嵌套循环完成二维数组的遍历，格式如下：

```
for(int i=0;i<数组名.length;i++){
    for(int j=0;j<数组名[i].length;j++){
        System.out.println(数组名[i][j]);
    }
}
```

例 4-3　Example4_3.java。

遍历二维数组，将数组中数据输出。

```
public class Example4_3 {
    public static void main(String args[]) {
        int myTable[][] = {{24, 46, 66, 35, 22, 68, 79},
                {47, 15, 19, 47, 99, 64, 89},
                {99, 82, 65, 91, 22, 15, 24},
                {55, 44, 56, 77, 23, 44, 34}};
        for (int row = 0; row < myTable.length; row++) {
            for (int col = 0; col < myTable[row].length; col++) {
                System.out.print(myTable[row][col] + " ");
            }
            System.out.println();
        }
    }
}
```

运行结果如图 4-5 所示。

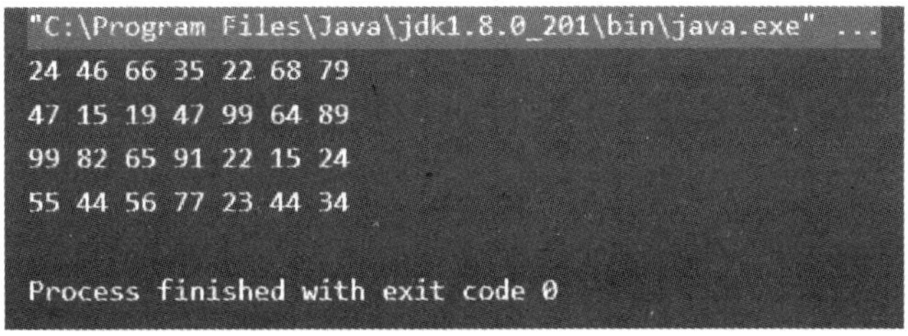

```
"C:\Program Files\Java\jdk1.8.0_201\bin\java.exe" ...
24 46 66 35 22 68 79
47 15 19 47 99 64 89
99 82 65 91 22 15 24
55 44 56 77 23 44 34

Process finished with exit code 0
```

图 4-5　例 4-3 的运行结果

任务实施

利用双重 for 循环语句将《游子吟》输出到控制台。实施过程如下：

(1) 创建 Example4_4 类；

(2) 在类的 main 方法中创建一个 3*11 的二维数组；

(3) 给数组元素赋值；

(4) 通过遍历将诗句横向输出。

程序代码如下：

```java
public class Example4_4{
    public static void main(String args[]){
        char arr[][]=new char[3][11];     //定义二维数组
        arr[0]=new char[]{'慈','母','手','中','线',' ','游','子','身','上','衣'};
        arr[1]=new char[]{'临','行','密','密','缝',' ','意','恐','迟','迟','归'};
        arr[2]=new char[]{'谁','言','寸','草','心',' ','报','得','三','春','晖'};
        System.out.println("--------游子吟--------");
        for(int i=0;i<arr.length;i++){
            for(int j=0;j<arr[i].length;j++)
                System.out.print(arr[i][j]);
            System.out.println("。");
        }
    }
}
```

任务 4.1 的运行结果如图 4-6 所示。

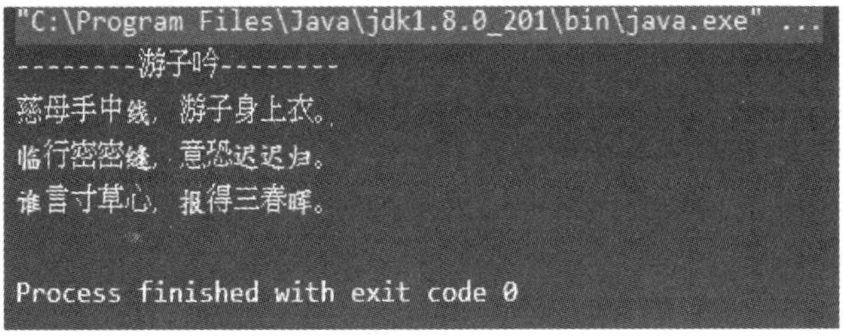

```
"C:\Program Files\Java\jdk1.8.0_201\bin\java.exe" ...
--------游子吟--------
慈母手中线 游子身上衣。
临行密密缝 意恐迟迟归。
谁言寸草心 报得三春晖。

Process finished with exit code 0
```

图 4-6　任务 4.1 的运行结果

实践训练

给定一组整型数据，求它们的最小值和平均值。

任务 4.2　除法计算器程序设计

任务目标

- 理解异常的概念和用途
- 掌握 try-catch-finally 语句的使用方法

任务描述

设计一个除法计算器程序，要求除数不为 0，且当除数和被除数不是数字的情况下，完成相应警告。当调用存放在数组中计算的结果时，如果参数索引越界，对异常进行捕捉和处理。

运行结果：
请输入被除数：20
请输出除数：0
异常：除数不能为零

知识准备

4.2.1　异常及其处理机制

Java 程序在运行过程中，可能会遇到各种非正常状况，如磁盘空间不足，网络连接中断等。Java 在程序运行过程中遇到的错误分为两类：一类是非致命性的，通常程序修正后可以继续执行，如除零溢出、数组越界等，这种错误称为异常(Exception)；另一类是致命性的，即程序遇到非常严重的问题，不能简单恢复执行，这就是错误(Error)，如程序运行过程中内存耗尽。

异常处理机制有捕捉异常和上报异常两种方式。捕捉异常的处理方式对受检异常和运行时异常均适用，其语句通常是 try...catch 语句结构；上报异常通常是将当前代码不能处理而产生的异常交给调用它的上级进行处理的方式。

4.2.2　异常的类型

Java 程序中的异常分为系统异常和自定义异常。其中系统异常分为运行时异常、受检异常和错误，系统异常能够处理大多数常见的错误。自定义异常则处理系统无法捕捉的异常。

1. 系统异常

在 Java 语言的预设包中都定义了异常类和错误类，Throwable 是系统异常类的父类，其子类有 Exception 和 Error，Exception 类是所有异常类的父类，Error 是所有错误类的父类。Throwable 在 Java 类库中，不需要 import 语句就可以使用。

部分异常和错误的层级关系如图 4-7 所示。

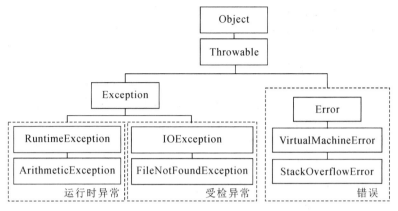

图 4-7 部分异常和错误的层级关系

异常可以分为以下 3 类：

- 受检异常，必须被处理。
- 运行时异常，不需要处理。
- 错误，一般不需要处理。

(1) 受检异常是程序执行期间发生了严重的问题，如当程序从磁盘读入数据时，系统找不到含有此数据的文件，此时就会发生 FileNotFoundException 异常。Java 类库中常见的受检异常类如表 4-1 所示。

表 4-1 常见的受检异常类

受检异常类	说　明
ClassNotFoundException	类未找到异常
NoSuchMethodException	方法未找到异常
IOException	输入输出异常
FileNotFoundException	文件未找到异常

(2) 运行时异常通常是程序中出现逻辑错误的结果。运行时异常都是 RuntimeException 类及其子类。例如下标越界导致的 ArrayIndexOutOfBounds 异常，除数为 0 导致的 ArithmeticException 异常。Java 中常见的运行时异常类如表 4-2 所示。

表 4-2 常见的运行时异常类

运行时异常类	说　明
ClassCastException	类型转型异常
ArithmeticException	算术异常
ArrayIndexOutOfBoundsException	数组下标越界异常
NullPointerException	空指针异常

(3) 错误是标准类 Error 或其子类的一个对象。一般错误发生的时候，情况比较严重，程序很难处理，如内存溢出。

2. 自定义异常

Java 中定义了大量的异常类，虽然这些异常类可以处理出现的大部分异常情况，但是有些特殊的异常情况，需要用户自己进行定义。

4.2.3　异常捕获和处理

异常捕获和处理的方式主要使用 try…catch…finally 的语句结构，其中，try 语句块中存放可能发生异常的语句，catch 语句块用于处理异常，finally 语句块是异常处理结构最后执行的部分，无论是否捕获到异常，都将执行 finally 后的语句。当 try 语句块中出现异常时，停止当前程序的执行，转到 catch 语句块中执行异常处理语句，最后执行 finally 语句块的内容。finally 语句可省略。

异常捕获和处理的语法格式如下：

```
try{
    //程序代码块
}catch(Exceptiontype1 e){
    //对 Exceptiontype1 的处理
}catch(Exceptiontype2 e){
    //对 Exceptiontype2 的处理
}
...
finally{
    //程序块
}
```

任务实施

输入两个数并将两个数相除，在程序运行过程中，可能会产生异常，如当输入数据中出现字母、特殊符号等，程序无法运行下去。实施过程如下：

(1) 创建一个类 Exception_Test；

(2) 在类的 main()方法中输入两个数并执行除操作；

(3) 输入和计算过程中可能会出现异常，对这段代码进行异常处理；

(4) 编写测试类，运行程序。

程序代码如下：

```java
import java.util.InputMismatchException;
import java.util.Scanner;
public class Exception_Test {
    public static void main(String args[]) {
        int result[] = {0, 1, 2};
        int oper1 = 0;
        int oper2 = 0;
```

```
Scanner in = new Scanner(System.in);
try {
    System.out.print("请输入除数:");
    oper1 = in.nextInt();
    System.out.print("请输入被除数:");
    oper2 = in.nextInt();
    result[2] = oper2 / oper1;
    System.out.print("计算结果:" + result[3]);
} catch (InputMismatchException e1) {
    System.out.print("异常 1:输入不为数字!");
} catch (ArithmeticException e2) {
    System.out.print("异常 2:除数不为零!");
} catch (ArrayIndexOutOfBoundsException e3) {
    System.out.print("异常 3:数组索引越界!");
} catch (Exception e4) {
    System.out.print("其他异常 4:" + e4.getMessage());
} finally {
    System.out.print("最后要执行的内容 5! ");
}
}
}
```

任务 4.2 的运行结果如图 4-8 和图 4-9 所示。

```
"C:\Program Files\Java\jdk1.8.0_201\bin\java.exe" ...
请输入除数:0
请输入被除数:10
异常2:除数不为零!最后要执行的内容5!
Process finished with exit code 0
```

图 4-8 任务 4.2 的运行结果图 1

```
"C:\Program Files\Java\jdk1.8.0_201\bin\java.exe" ...
请输入除数:a
异常1:输入不为数字!最后要执行的内容5!
Process finished with exit code 0
```

图 4-9 任务 4.2 的运行结果图 2

实践训练

创建一个对数组越界进行异常检测处理的程序。

任务4.3　歌曲播放程序设计

任务目标

掌握自定义异常的创建和抛出的实现方法

任务描述

创建一个音乐播放类，实现音乐的播放，并为程序设计一个所播放的音乐文件不存在的异常。

知识准备

自定义异常是异常的一种类型。当遇到 Java 中不能处理的异常时，用户只需继承 Exception 类即可自定义异常类。

在程序中使用自定义异常类，大体可以分为以下几个步骤：

(1) 创建自定义异常类；

(2) 在方法中通过 throw 关键字抛出异常对象；

(3) 在当前抛出异常的方法中处理异常，可以使用 try…catch 语句块进行捕获并处理，不在当前方法内处理异常，可以在方法的声明处通过 throws 关键字将异常抛出到调用方法中；

(4) 在出现异常的方法的调用者中捕获并处理异常。

任务实施

当播放音乐时，可能会出现音乐文件不存在的异常情况，实施过程如下：

(1) 自定义一个异常类 NoThisSoundException 和 Player 类，在 Player 的 play() 方法中使用自定义异常；

(2) 创建播放类 Player；

(3) 创建测试函数。

代码如下：

```
//NoThisSongException 继承 Exception 类，类中有一个无参和一个接收 String 类型
参数的构造方法，构造方法中都使用 super 关键字调用父类的构造方法。
class NoThisSongException extends Exception{
    public NoThisSongException() {
        super();
    }
    public NoThisSongException(String message) {
        super(message);
```

```
        }
    }

class Player {
    public void play(int index) throws NoThisSongException {
        if (index > 10) {
            throw new NoThisSongException("您播放的歌曲不存在");
        }
        System.out.println("正在播放歌曲");
    }
}

public class Throw_Test{
    public static void main(String[] args) {
        Player player = new Player();
        try {
            player.play(13);
        } catch (NoThisSongException e) {
            System.out.println("异常信息为：   " + e.getMessage());
        }
    }
}
```

任务 4.3 的运行结果如图 4-10 所示。

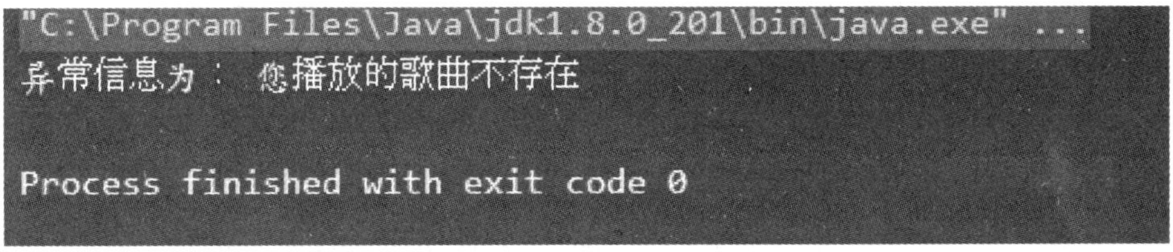

```
"C:\Program Files\Java\jdk1.8.0_201\bin\java.exe" ...
异常信息为：  您播放的歌曲不存在

Process finished with exit code 0
```

图 4-10　任务 4.3 的运行结果

实践训练

创建一个程序，当输出年龄时，若年龄小于 0 岁，则抛出异常"输入年龄有误，必须为正数"。

小　　结

本模块主要介绍了 Java 的数组和异常处理。

课 后 习 题

一、选择题

1. 下列选项中，创建数组的错误方法是(　　)。

A. int a[];　a=new int[5];　　　　　　B. int a[]=new int[5];

C. int[]a={1,2,3,4,5};　　　　　　　　D. int a[5]={1,2,3,4,5};

2. 设有数组定义　int[][]x={{1,2},{3,4,5}{6}{}}；则 x.length 的值为(　　)。

A. 3　　　　　　B. 4　　　　　C. 6　　　　　D. 7

二、填空题

1. 数组名如同对象名一样，是一种_____。

2. 布尔类型数组元素的默认初值是_____。

三、简答题

1. 简述 Java 的异常处理机制。

2. 解释异常抛出、捕获的含义。

模块五
集　合

模块介绍

在前面的模块中介绍了数组的概念。Java 数组的长度是固定的，在同一数组中只能存放相同类型的数据。数组可以存放基本类型数据，也可以存放引用类型数据。

因为数组长度是固定的，所以无法保存动态数据，即数量变化的数据。比如一个酒店的住宿人员数目是变化的，有人入住，也有人退房。另外，数组无法保存具有映射关系的数据。比如某学生的成绩表上语文为 80，数学为 90，这种数据看上去像两个数组，而且这两个数组的元素之间有一定的关联关系。为了保存数量不确定的数据，以及具有映射关系的数据，Java 提供了一系列特殊的类，统称为集合。本模块通过"斗地主"的洗牌、发牌程序设计来讲解 Java 中集合的使用。

思维导图

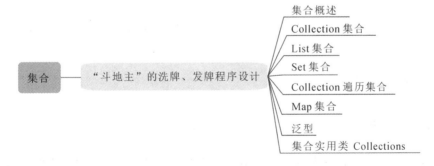

集合 —— "斗地主"的洗牌、发牌程序设计

- 集合概述
- Collection 集合
- List 集合
- Set 集合
- Collection 遍历集合
- Map 集合
- 泛型
- 集合实用类 Collections

教学大纲

能力目标
◎ 能够使用集合的思想来完成程序设计
◎ 能够根据需要正确选择集合的实现类存储数据

知识目标
◎ 了解 Collection 集合的结构体系
◎ 掌握 List 集合、Set 集合和 Map 集合的使用
◎ 掌握集合遍历的方法

◎ 熟悉泛型的使用

学习重点

◎ ArrayList 集合的使用

◎ 泛型的使用

◎ Collections 工具类的使用

学习难点

◎ List 集合、Set 集合和 Map 集合的区别

◎ 三种集合遍历方法的区别

任务 5.1　"斗地主"的洗牌、发牌程序设计

任务目标

· 掌握 List 集合的主要方法

· 掌握 ArrayList 集合的概念及特有方法

· 掌握 LinkedList 集合的概念及特有方法

· 掌握 Set 集合的主要方法

· 掌握 HashSet 集合的概念及特有方法

· 掌握 TreeSet 集合的概念及特有方法

任务描述

按照"斗地主"的规则，完成洗牌、发牌的动作。

具体规则：打乱 54 张牌的顺序，三个玩家参与游戏，三人交替摸牌，每人 17 张牌，最后三张留作底牌。

知识准备

5.1.1　集合概述

数组和集合都是存储容器。与 Java 数组不同的是，Java 集合中不能存放基本类型数据，只能存放引用类型数据，即对象的引用，习惯上称为对象。

集合按照其存储结构可以分为两大类，分别是单列集合 Collection 和双列集合 Map。

(1) Collection：单列集合的根接口，用于存储一系列符合某种规则的元素。它有两个重要的子接口，分别是 List(列表)和 Set(集)。其中，List 集合的特点是元素有序且可重复，与数组有些相似；Set 集合的特点是元素无序且不可重复。List 集合的主要实现类有 ArrayList 和 LinkedList；Set 集合的主要实现类有 HashSet 和 TreeSet。

(2) Map：双列集合的根接口，用于存储具有映射关系的元素。它的每一个元

素都包含一对键(Key)对象和值(Value)对象，其中 Key 是唯一的，Value 是可重复的，通过 Key 就能找到相应的 Value。Map 集合的主要实现类有 HashMap 和 TreeMap。

　　Java 中所有的集合类都位于 java.util 包下，图 5-1 所示为 Java 集合的基本框架。

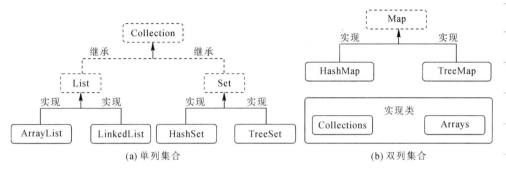

图 5-1　Java 常用集合接口和类

　　图 5-1 列出了 Java 开发中常用的集合接口和类，其中虚线框表示接口，实线框表示实现类。学习集合时，首先从接口入手，然后再熟悉这些接口的实现类，并了解不同的实现类之间的区别。

　　在 JDK5 之后，Java 增加了"泛型"的概念，使得 Java 集合可以记住容器中对象的类型。

5.1.2　Collection 集合

　　Collection 集合是所有单列集合类的根接口，因此在 Collection 集合中定义了适用于单列集合(List 和 Set)的通用方法，如表 5-1 所示。

表 5-1　Collection 集合的主要方法

方 法 声 明	功 能 描 述
boolean add(E e)	向集合中添加一个元素
boolean addAll(Collection c)	将指定集合 c 中的所有元素添加到该集合中
void clear()	删除该集合中的所有元素
boolean remove(Object o)	删除该集合中指定的元素
boolean removeAll(Collection c)	删除该集合中包含指定集合 c 中的所有元素
boolean isEmpty()	判断该集合是否为空
boolean contains(Object o)	判断该集合中是否包含某个元素
boolean containsAll(Collection c)	判断该集合中是否包含指定集合 c 中的所有元素
Iterator iterator()	返回迭代器(Iterator)对象，用于遍历该集合
int size()	获取该集合元素个数

　　表 5-1 列举了 Collection 集合的主要方法，它们都来自 Java API 文档。List 集合和 Set 集合都继承了 Collection 集合接口，因此可以对 List 集合和 Set 集合的实现类对象调用这些方法。有关 Collection 集合方法的具体用途可以通过查询 API 文档了解，这里仅列举出部分以方便后面内容的学习。

5.1.3 List 集合

1. List 集合概述

List 集合继承自 Collection 集合，其中的元素有序且可以重复出现。注意，这里的有序指的是这些元素被放入集合中的顺序。这就像是给进入班级的学生分配学号：第一个报道的是"张三"，给他分配 0 号；第二个报道的是"李四"，给他分配 1 号；以此类推，最后一个序号应该是"学生人数-1"。元素可重复指的是在同一个班级里，可以出现两个"张三"。

List 集合作为 Collection 集合的子接口，不但继承了 Collection 集合中的全部方法，而且还增加了一些特有方法，如表 5-2 所示。

表 5-2　List 集合的主要方法

方 法 声 明	功 能 描 述
void add(int index,E element)	在 List 指定位置插入指定元素
boolean addAll(Collection c)	将集合 c 中的所有元素插入到 List 集合中的指定位置
E get(int index)	返回 List 中指定位置的元素
E remove(int index)	移除 List 中指定位置的元素
E set(int index,E element)	用 element 元素替换 List 中 index 处的元素，并将被替换的元素返回
int indexOf(Object o)	返回此 List 中首次出现的指定元素索引；如果此列表不包含该元素，则返回-1
int lastIndexOf(Object o)	返回此 List 中最后出现的指定元素索引；如果列表不包含此元素，则返回-1
Object[] toArray()	将集合元素转换为数组

List 集合的主要实现类包括 ArrayList 集合和 LinkedList 集合。

2. ArrayList 集合

ArrayList 集合内部封装了一个长度可变的数组对象，当存入的元素超过数组长度时，ArrayList 集合会在内存中分配一个更大的新数组来存储这些元素，因此向 ArrayList 集合中插入与删除元素的速度较慢。但是，这种结构允许程序通过索引的方式来访问元素，因此使用 ArrayList 集合可以快速遍历和查找元素。

通过一个实例来演示 ArrayList 集合的用法。

例 5-1　Example5_1.java。

```java
import java.util.ArrayList;
public class Example5_1{
    public static void main(String[] args) {
        ArrayList arrayList = new ArrayList();//创建 ArrayList 集合
        //向集合中添加元素
        arrayList.add("A");
        arrayList.add("B");
```

```
        arrayList.add("C");
        arrayList.add("B");
        System.out.println("集合: "+arrayList);//打印集合
        System.out.println("集合的长度: " +arrayList.size());//打印集合元素个数
        //查找集合中首次出现 B 元素的索引
        System.out.println("首次出现 B 元素的索引为: "+arrayList.indexOf("B"));
        arrayList.remove("B");   //删除第 1 个"B"元素
        System.out.println("集合执行 remove(\"B\")方法后: "+arrayList);
        //返回集合中索引位置 2 的元素
        System.out.println("集合中索引位置 2 的元素:"+arrayList.get(2));
        //替换集合中索引位置 2 的元素
        arrayList.set(2,"D");
        System.out.println("替换了索引位置 2 元素后的集合:"+arrayList);
    }
}
```

运行结果如图 5-2 所示。

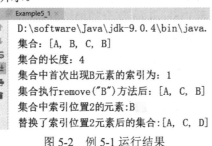

图 5-2　例 5-1 运行结果

从图 5-2 运行结果可以看到，例 5-1 创建了一个空的 ArrayList 集合，通过调用 Collcetion 集合提供的 add(E e)方法向集合添加了 4 个元素，接着执行"获取集合元素个数"的 size()和"删除集合中指定元素"的 remove(Object o)方法也继承于 Collcetion 集合，而 indexOf(Object o)、get(int index)、set(int index，E element)方法则继承于 List 接口。需要注意的是，集合和数组一样，索引的取值是从 0 开始的，最后一个索引是 size-1，在访问元素时要注意索引的范围，避免抛出越界异常 IndexOutOfBoundsException。

3. LinkedList 集合

LinkedList 集合在实现中采用链表数据结构。该集合内部包含两个 Node 类型的 first 和 last 属性维护一个双向循环链表，链表中的每一个元素都使用引用的方式记住它的前一个元素和后一个元素，从而可以将所有的元素彼此连接起来。当插入一个新元素时，只需要修改元素之间的这种引用关系即可，删除一个元素也是如此。这种数据结构导致向 LinkedList 集合中插入与删除元素的速度较快，而随机访问则相对较慢。LinkedList 集合类除了继承 Collection 集合和 List 集合的方法外，也增加了一些特有方法，部分方法如表 5-3 所示。

表 5-3　LinkedList 集合的特有方法

方 法 声 明	功 能 描 述
void addFirst(E e)	将指定元素插入此列表的开头
void addLast(E e)	将指定元素添加到此列表的结尾
E getFirst()	返回此列表的第一个元素
E getLast()	返回此列表的最后一个元素
E removeFirst()	移除并返回此列表的第一个元素
E removeLast()	移除并返回此列表的最后一个元素

简而言之，ArrayList 集合是基于动态数组数据结构的实现，LinkedList 集合是基于链表数据结构的实现。ArrayList 集合访问元素速度优于 LinkedList 集合，因此适合用于查询数据、遍历数据。LinkedList 集合占用的内存空间比较大，但 LinkedList 集合在批量插入或删除数据时优于 ArrayList 集合。

不同的结构对应于不同的算法，有的考虑节省占用空间，有的考虑提高运行效率，它们就像是"熊掌"和"鱼肉"，不可兼得。提高运行速度往往是以牺牲空间为代价的，而节省占用空间往往是以牺牲运行速度为代价的。

通过一个实例来演示 LinkedList 集合的用法。

例 5-2　Example5_2.java。

```java
import java.util.LinkedList;
public class Example5_2 {
    public static void main(String[] args) {
        //创建 LinkedList 集合
        LinkedList linkedList = new LinkedList();
        //添加元素
        linkedList.add("stu1");
        linkedList.addFirst("stu2");
        linkedList.addLast("stu3");
        System.out.println(linkedList);
        //获取元素
        System.out.println(linkedList.getFirst());
        System.out.println(linkedList.getLast());
        //删除元素
        System.out.println(linkedList.removeFirst());
        System.out.println(linkedList.removeLast());
        System.out.println(linkedList);
    }
}
```

运行结果如图 5-3 所示。

图 5-3 例 5-2 运行结果

例 5-2 中，首先创建了一个 LinkedList 集合，通过调用 add()、addFirst()、addLast()
方法向集合添加元素，然后使用 getFirst()、getLast() 方法分别获取集合的第一个元
素和最后一个元素，最后使用 removeFirst()、removeLast() 方法分别将集合中开头
和结尾的元素移除，这样便完成了元素的增、查、删操作。LinkedList 集合除了使
用其特有方法以外，也能够和 ArrayList 集合一样，通过调用 Collcetion 集合及 List
集合的方法对元素进行操作。

5.1.4 Set 集合

1. Set 集合概述

Set 集合是由一串无序、不重复的元素构成的集合。和 List 集合一样，Set 集
合也继承自 Collcetion 集合，同样可调用 Collcetion 集合中的方法，但 Set 集合没
有对 Collection 集合进行功能上的扩充。List 集合强调的是有序，Set 集合强调的
是不重复，所以当不考虑顺序且没有重复元素时，Set 集合和 List 集合是可以互相
替换的。Set 集合的主要实现类包括 HashSet 集合和 TreeSet 集合。

2. HashSet 集合

HashSet 集合是 Set 集合的典型实现，大多数情况下所说的 Set 集合都指的是
HashSet 集合。它具有以下特点：

(1) 元素无序，即不能保证元素的排列顺序。

(2) 所存储的元素是不可重复的。

下面通过一个实例来演示 HashSet 集合的用法。

例 5-3 Example5_3.java。

```java
import java.util.HashSet;
public class Example5_3 {
    public static void main(String[] args) {
        HashSet hashSet = new HashSet();
        hashSet.add("ab");
        hashSet.add("c");
        hashSet.add("a");
        hashSet.add("ab");
        System.out.println(hashSet);
```

```
    }
}
```

运行结果如图 5-4 所示。

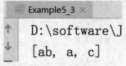

图 5-4　例 5-3 运行结果

例 5-3 中，通过 add()方法向 HashSet 集合依次添加 4 个字符串元素，然后打印输出。从打印结果可以看到元素在集合中的顺序与添加元素的顺序并不一致，并且重复存入的字符串元素 ab 只存储了一个，即不存储重复元素。

HashSet 集合是按照哈希(Hash)算法来存储集合中的元素，也就是说元素存在集合的哪个位置是由算法得出的哈希值决定，其中的元素不可重复指的就是哈希值不可重复。正由于这种数据结构，当将元素 A、B 依次插入到 HashSet 集合中，输出数据时，A 不一定排在 B 前面，说明 HashSet 集合的元素无序。

当调用 add()方法向 HashSet 集合中添加一个元素时，HashSet 集合会调用该元素的 hashCode()方法来获取对应的哈希值，然后根据这个哈希值决定该元素在集合中的存储位置。如果该位置上没有元素，则将元素存入；如果该位置上有元素，则会调用 equals()方法让当前存入的元素与该位置的元素进行比较。比较结果为 false，将该元素存入集合；比较结果为 true，说明它们的哈希码相等，即元素重复，就将该元素舍弃。整个存储的过程如图 5-5 所示。

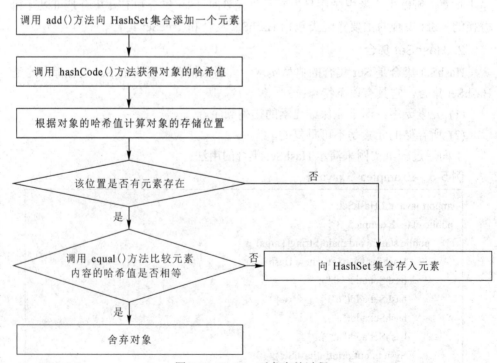

图 5-5　HashSet 对象存储过程

hashCode()和 equals()方法都是在 Object 类中定义，其中 equals()方法按照内存地址比较对象是否相等。因此如果要 object1.equals(object2)为 true，表明 object1 变量和 object2 变量实际上引用同一个对象，那么 object1 和 object2 的哈希码也肯定相同。在 String 类的例子实现了这一要求，下面再通过一个自定义类的实例来实现同样的要求。

例 5-4　Example5_4.java。

```java
import java.util.HashSet;
class Student{
    String id;
    String name;
    public Student(String id,String name){
        this.id = id;
        this.name = name;
    }
}
public class Example5_4 {
    public static void main(String[] args) {
        HashSet hashSet = new HashSet();
        hashSet.add(new Student("1","Tom"));
        hashSet.add(new Student("1","Tom"));
        System.out.println(hashSet);
    }
}
```

运行结果如图 5-6 所示。

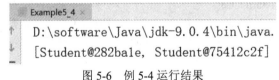

图 5-6　例 5-4 运行结果

例 5-4 中，自定义一个 Student 类，向 HashSet 集合中存入两个 Student 类对象，且这两个对象的内容是相同的，然后打印该集合。由于没有重写 toString()方法，所以打印的是包含该对象用十六进制表示的哈希值的对象信息。运行结果中出现了两个不同的对象信息，能够看出它们属于不同的对象引用，因此哈希值必然是不一样的。也就是说，即使对象内容是相同的，哈希值不同，也无法视为重复对象，即无法满足 HashSet 集合的要求。

要想解决上面的问题，必须要完成以下两个操作：

(1) 重写 hashCode()，让内容一样的对象拥有相同的哈希值，以保证 HashSet 集合把它们存放在相同的位置；

(2) 重写 equals()，用于在两个元素位置相同的时候，比较两个元素内容是否相等。

String 类已经默认重写了 hashCode()和 equals()方法，所以可以满足 HashSet 集合的要求，而自定义类需要用户自己重写这两个方法。

针对例 5-4 中的 Student 类增加重写 hashCode()和 equals()方法。假设 id 相同的学生为同一个学生，那么可以令 id 的哈希值统一作为对象的哈希值，即在 hashCode()返回 id 属性的哈希值，在 equals()方法中判断对象的 id 值是否相等并作为结果返回，程序代码如下：

```java
class Student{
    String id;
    String name;
    public Student(String id,String name){
        this.id = id;
        this.name = name;
    }
    //重写 hashCode()方法
    @Override
    public int hashCode() {
        return id.hashCode();              //返回 id 属性的哈希值
    }
    //重写 equals()方法
    @Override
    public boolean equals(Object o) {
        if (this == o)                     //判断是否是同一个对象
            return true;                   //如果是，返回 true，舍弃该对象
        if (!(o instanceof Student))       //判断对象是否为 Student 类型
            return false;                  //如果不是，返回 false，存入该对象
        Student student = (Student) o;     //将引用的 Object 类进行向下转型
        return Objects.equals(id, student.id);  //判断 id 值是否相同并作为结果返回
    }
}
```

再次运行例 5-4，其结果如图 5-7 所示。

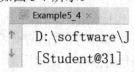

图 5-7　修改 Student 类后的例 5-4 运行结果

在修改后的例 5-4 中，Student 类重写了 Object 类的 hashCode()方法和 equals()方法。运行结果中只出现了一个对象信息，意味着 HashSet 集合认为加入的两个对象出现了重复，因此舍弃了重复的 Student 对象。

3. TreeSet 集合

TreeSet 集合是 Set 集合的另一个实现类，可以对集合中的元素进行排序，其内部采用平衡二叉树的数据结构来存储元素。

例 5-5　Example5_5.java。

```java
import java.util.TreeSet;
public class Example5_5 {
    public static void main(String[] args) {
        TreeSet treeSet = new TreeSet();
        //自动装箱，把数字转换为相应的 Integer 对象后加入集合中
        treeSet.add(3);
        treeSet.add(2);
        treeSet.add(1);
        treeSet.add(4);
        treeSet.add(1);
        //自动拆箱并打印，把集合中的 Integer 对象转换为 int 基本类型数据
        System.out.println(treeSet);
    }
}
```

运行结果如图 5-8 所示。

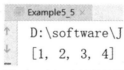

图 5-8　例 5-5 运行结果

例 5-5 中，创建了一个 TreeSet 对象，然后向集合中加入 5 个 Integer 对象。从运行结果可以看出取出元素的顺序与添加元素的顺序不一致，且重复存入的元素被去除，因此 TreeSet 集合依然满足 Set 集合的基本特点。除此之外，TreeSet 集合还对元素进行了排序。需要注意的是，这里的"排序"不代表集合是"有序"的，"有序"和"无序"是现在插入元素时的特点，而"排序"则是插入元素后的行为。

TreeSet 集合支持两种排序方式：自然排序和定制排序。默认情况下，TreeSet 集合采用自然排序方式。

1) 自然排序

使用自然排序时，只能向 TreeSet 集合中加入同类型的对象，并且这些对象的类必须实现 Comparable 接口，并重写 compareTo()方法，其中 compareTo()方法用于对元素之间的比较。对于表达式 x.compareTo(y)，如果返回 0，表示 x 和 y 相等；如果返回值大于 0，表示 x>y；如果返回值小于 0，表示 x<y。

下面以自定义的 Student 类为例，演示 TreeSet 集合中自然排序的使用。

例 5-6　Example5_6.java。

```java
import java.util.TreeSet;
class Student implements Comparable{
    String name;
    int age;
    public Student(String name, int age) {
```

```
            this.name = name;
        this.age = age;
        }
        @Override
        public String toString() {
            return name + ":" + age;
        }
        //重写 compareTo()方法，定义比较方式
        @Override
        public int compareTo(Object o) {
            Student s = (Student) o;
            if(this.age - s.age > 0)      //比较 age
                return 1;
            if(this.age - s.age == 0)     //age 相同时比较 name
                return this.name.compareTo(s.name);
            return -1;
        }
}
public class Example5_6{
    public static void main(String[] args) {
        TreeSet treeSet = new TreeSet();
        treeSet.add(new Student("Tom",19));
        treeSet.add(new Student("Kitty",22));
        treeSet.add(new Student("Jerry",19));
        treeSet.add(new Student("Tom",19));
        System.out.println(treeSet);
    }
}
```

运行结果如图 5-9 所示。

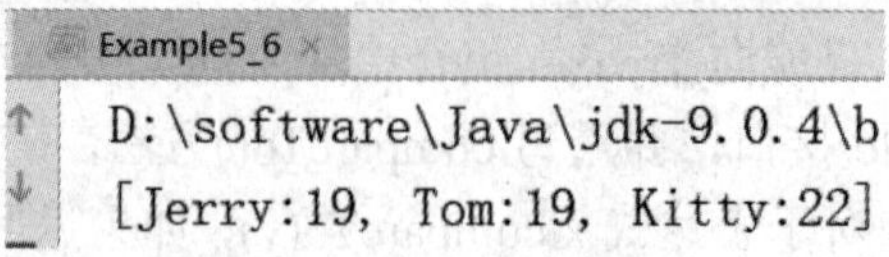

```
Example5_6 ×
D:\software\Java\jdk-9.0.4\b
[Jerry:19, Tom:19, Kitty:22]
```

图 5-9　例 5-6 运行结果

　　例 5-6 中，自定义 Student 类实现了 Comparable 接口，并重写 compareTo()方法。在 compareTo()方法定义了元素的比较方式，首先对 age 属性进行比较，根据比较结果返回 -1 和 1，当 age 相同时，再对 name 进行比较。由于 String 本身重写了 compareTo()方法，所以会默认对其进行升序排序。从运行结果上看，Student 对象首先按照 age 进行升序，age 相同时会按照 name 进行升序排序，且 TreeSet 集合会将重复的元素去掉。为了读者能够理解 compareTo()方法的排序规则，现将该例中对 age 的比较程序进行修改，程序代码如下：

```
public int compareTo(Object o) {
        Student s = (Student) o;
        if(this.age - s.age > 0)        //比较 age
            return -1;
        if(this.age - s.age == 0)       //age 相同时比较 name
            return this.name.compareTo(s.name);
        return 1;
    }
```

再次运行例 5-6，其结果如图 5-10 所示。

```
Example5_6 ✕
↑    D:\software\Java\jdk-9.0.4\b:
↓    [Kitty:22, Jerry:19, Tom:19]
```

图 5-10　修改 compareTo()方法后的例 5-6 运行结果

在修改后的例 5-6 中，注意-1 和 1 的位置进行了调换，而从运行结果上可以看出 Student 对象不再对 age 进行升序，而是变成了降序。读者可以结合平衡二叉树的数据结构深入理解其中的原理，在此整理 compareTo(Object o)的规则：

升序时，this>obj，返回正数 1；this<obj，返回负数-1；this=obj，返回 0。

降序时，this>obj，返回负数 1；this<obj，返回正数 1；this=obj，返回 0。

2）定制排序

自然排序是根据集合元素的大小进行排序。当自然排序不适合当前的操作，如现希望 TreeSet 集合中字符串元素按照长度进行排序，则可以通过定义一个比较器，实现 Comparator 接口，并重写 compare()方法进行定制排序，如例 5-7 所示。

例 5-7　Example5_7.java。

```
import java.util.TreeSet;
class CustomerComparator implements Comparator {
    // 重写 compare 方法，定制排序方式
    @Override
    public int compare(Object o1, Object o2) {
        String s1 = (String) o1;
        String s2 = (String) o2;
        return s1.length() - s2.length();
    }
}
public class Example5_7 {
    public static void main(String[] args) {
    TreeSet treeSet = new TreeSet(new CustomerComparator());
        treeSet.add("Jack");
        treeSet.add("Tom");
        treeSet.add("Jerry");
```

```
        System.out.println(treeSet);
    }
}
```

运行结果如图 5-11 所示。

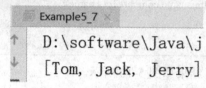

图 5-11　例 5-7 运行结果

在例 5-7 中，创建了定制排序规则的 TreeSet 集合，当向集合中添加元素时，TreeSet 集合会按照定制的排序规则进行比较，从而使存入的 TreeSet 集合中的字符串按照长度进行排序。

从例 5-7 可以看出，compare() 方法用于比较两个对象的大小。当 compare(x,y) 的返回值大于 0，表示 x>y；当 compare(x,y) 的返回值小于 0，表示 x<y；当 compare(x,y) 的返回值等于 0，表示 x=y。

5.1.5　Collection 遍历集合

在程序开发中，经常需要对集合中的所有元素进行遍历，即将集合中的每一个元素取出来进行操作。Collection 集合遍历有 3 种方法：

(1) 使用 for 循环遍历。List 集合可以使用 for 循环进行遍历，for 循环中有循环变量，通过循环变量可以访问 List 集合中的元素。需要注意的是，Set 集合中的元素由于没有序号，所以不能使用 for 循环进行遍历。

(2) 使用 Iterator 迭代器遍历。Iterator 迭代器内部原理采用指针的方式来跟踪集合中的元素，其迭代意味着在取元素之前要先判断集合中有没有元素，如果有，就将该元素取出来，然后再判断，如果还有就再取出来，直到把集合中的所有元素全部取出。Iterator 接口中声明了如下方法：

- hasNext()：判断集合中的元素是否遍历完毕，如果没有，就返回 true。
- next()：返回下一个元素。
- remove()：从集合中删除由 next() 方法返回的当前元素。

(3) 使用 foreach 循环遍历。foreach 循环又称为增强 for 循环，是针对遍历各种类型集合而推出的一种更加简洁的 for 循环，它的内部原理其实是个 Iterator 迭代器，所以在遍历过程中，不能对集合中的元素进行增删操作。其语法格式如下：

```
for(容器中元素类型 临时变量 ：Collection 集合 or 数组){
    //执行语句
}
```

下面通过一个实例来演示上面 3 种集合遍历方法。

例 5-8　Example5_8.java。

```java
import java.util.ArrayList;
import java.util.Iterator;
public class Example5_8 {
    public static void main(String[] args) {
        ArrayList list = new ArrayList();
        list.add("A");
        list.add("B");
        list.add("C");
        //1.使用 for 循环遍历
        System.out.print("1.使用 for 循环遍历：");
        for (int i = 0; i < list.size(); i++) {
            System.out.print(list.get(i));
        }
        //2.使用 Iterator 迭代器遍历
        System.out.println("");
        System.out.print("2.使用 Iterator 迭代器遍历：");
        Iterator iterator = list.iterator();        //获取 Iterator 对象
        while(iterator.hasNext()){                   //判断集合中是否存在下一个元素
            Object o = iterator.next();              //取出集合中的元素
            System.out.print(o);
        }
        //3.使用增强 for 循环遍历
        System.out.println("");
        System.out.print("3.使用增强 for 循环遍历：");
        for (Object o : list) {
            System.out.print(o);
        }
    }
}
```

运行结果如图 5-12 所示。

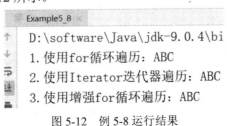

图 5-12　例 5-8 运行结果

例 5-8 采用了 3 种方法遍历 ArrayList 集合。使用 for 循环遍历通过 get()方法
获得元素；使用 Iterator 迭代器遍历，首先需要使用 iterator()方法获得迭代器对象，
然后调用迭代器 hasNext()方法判断集合中是否还有元素可以迭代，如果有则返回

true，再调用迭代器的 next()方法取出元素，接着进行下一次判断，直到 hasNext()方法返回 false 为止；使用 foreach 循环遍历集合不需要获得容器的长度，也不需要根据索引访问容器中的元素，语法非常简洁，所以它是最为推荐使用的遍历方法。但要注意的是，foreach 循环遍历只能访问集合中的元素，不能对其中的元素进行修改。

5.1.6 Map 集合

现实生活中，我们常会看到这样的一种集合：IP 地址与主机名，身份证号与个人，系统用户名与系统用户对象等，这种一一对应的关系，就叫作映射。Java 提供了专门的集合类用来存放这种对象关系的对象，即 Map 集合。

Map 集合是由两个集合构成的，一个是键(Key)集合，一个是值(Value)集合。键集合是 Set 类型，因此不能有重复的元素。而值集合是 Collection 类型，可以有重复的元素。向 Map 集合中加入元素时，必须提供一对键对象和值对象。从 Map 集合中检索元素时，只要给出键对象，就会返回对应的值对象。Map 集合中定义的主要方法如表 5-4 所示。

表 5-4 Map 集合的主要方法

方 法 声 明	功 能 描 述
V get(Object key)	返回指定键所映射的值；如果 Map 集合中不包含该键值对，则返回 null
V put(K key, V value)	将指定的键值对添加到集合中
V remove(Object key)	删除并返回 Map 集合中的指定的键值对
void clear()	清空 Map 集合中所有的键值对
boolean isEmpty()	判断 Map 集合中是否有键值对，如果没有则返回 true，否则返回 false
boolean containsKey(Object key)	判断键集合中包是否包含指定元素，如果有则返回 true
boolean containsValue(Object value)	判断值集合中包是否包含指定元素，如果有则返回 true
Set keySet()	返回 Map 集合中的所有键集合，返回值是 Set 类型
Collection values()	返回 Map 集合中的所有值集合，返回值是 Collection 类型
int size()	返回 Map 集合中的键值对数
boolean replace(Object key,Object value)	将指定的键对象 key 所映射的值修改为 value

Map 集合的主要实现类是 HashMap 集合。HashMap 集合按照哈希算法来存取键对象，有很好的存取性能。和 HashSet 集合一样，为了保证 HashMap 集合能正常工作，要求当两个键对象通过 equals()方法比较为 true 时，这两个键对象的 hashCode()方法返回的哈希码也一样。

下面通过一个实例来学习 HashMap 集合的基本用法。

例 5-9 Example5_9.java。

```java
import java.util.HashMap;
public class Example5_9 {
    public static void main(String[] args) {
        //创建 HashMap 对象
        HashMap hashMap = new HashMap();
        //1.判断 hashmap 是否有键值对元素
        System.out.println(hashMap.isEmpty());
        //2.向 hashmap 添加键值对元素
        hashMap.put("1","Monday");
        hashMap.put("2","Tuesday");
        hashMap.put("3","Wednesday");
        System.out.println(hashMap);
        //3.获取指定键对象映射的值
        System.out.println(hashMap.get("1"));
        //4.获取集合中的键对象和值对象集合
        System.out.println(hashMap.keySet());
        System.out.println(hashMap.values());
        //5.替换指定键对象映射的值
        hashMap.replace("2","Friday");
        System.out.println(hashMap);
    }
}
```

运行结果如图 5-13 所示。

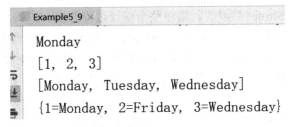

图 5-13　例 5-9 运行结果

例 5-9 中，首先创建了一个 HashMap 集合，然后通过 HashMap 集合的相关方法对集合中的元素进行操作。

5.1.7　泛型

在 JDK5 以前的版本中，集合中的元素都是 Object 类型，所以当放入一种特定类型元素时，从集合中取出的元素都是 Object 类型，在具体使用时需要将该元素强制转换为特定类型。下面通过一个实例来演示这种情况。

例 5-10　Example5_10.java。

```java
import java.util.ArrayList;
public class Example5_10 {
    public static void main(String[] args) {
        ArrayList list = new ArrayList<>();
        list.add("1");
        list.add("2");
        list.add(new Integer(3));
        for (Object o : list) {
            String str = (String) o;
            System.out.println(str);
        }
    }
}
```

运行结果如图 5-14 所示。

```
Example5_10 ×                                                    ⚙
1
2
Exception in thread "main" java.lang.ClassCastException:
 java.base/java.lang.Integer cannot be cast to java.base/java
 .lang.String
    at Example5_10.main(Example5_10.java:9)
```

图 5-14　例 5-10 运行结果

在例 5-10 中，在创建 ArrayList 集合后加入了不同数据类型的元素，在取出元素时强制转换为 String 类型的元素，整个编译过程并没有错误，但是在运行时却发生了异常。在 JDK 5 之前只能通过 instanceof 判断该对象是否为目标类型，而泛型机制可以将这些运行时异常转变为编译时异常，即在编译时期就能发现异常，发现的越早，就能越早提高程序调试的效率和软件的稳健性，从而降低软件开发和维护的成本。

泛型是指在声明集合变量和创建集合对象时，可以用"<参数化类型>"标记指定集合中元素的数据类型，其中尖括号中参数化类型通常由 E、K、V 等表示，如 List<E>、ArrayList<E>、Set<E> 和 Map<K,V>。具体格式如下：

```
ArrayList<String> list = new ArrayList<String>();
```

此时，变量 E 的值就是 String 类型，通常等号右边尖括号中的参数化类型可以省去，即

```
ArrayList<String> list = new ArrayList<>();
```

对例 5-10 的代码进行修改，在创建 ArrayList 集合时使用泛型限定其元素必须

为 String 类型，此时能够看到程序在编译时期就出现错误提示，如图 5-15 所示。

```
public static void main(String[] args) {
    ArrayList<String> list = new ArrayList<>();
    list.add("1");
    list.add("2");
    list.add(new Integer( value: 3));
    for (Obje
        Strin        Required type:    String
        Syste        Provided:         Integer
    }
}                Change variable 'list' type to 'ArrayList<Integer>'  Alt+Shift+Enter    More actions...  Alt+Enter
```

图 5-15　例 5-10 修改后编译错误

在图 5-15 中，程序编译报错的原因是 ArrayList<String>这样的集合只能存储 String 类型的元素。程序在编译时，编译器检查出 Integer 类型的元素与创建 ArrayList 集合规定的类型不匹配，编译不通过，这说明在编译时期解决了错误发生的可能，避免程序在运行时期发生错误。

5.1.8　集合实用类 Collections

数组实用类 Arrays 类提供了一系列操纵 Java 数组的静态方法。对于 Java 集合，也存在这样的一个实用类，即 Collections 类，它的一部分静态方法专门用于操纵 List 类型集合，还有一部分静态方法可用于操纵所有的 collection 类型或 Map 类型集合。下面列出了 Collections 类中针对 List 集合的部分静态方法，如表 5-5 所示。

表 5-5　Collections 类中针对 List 集合的部分静态方法

方 法 声 明	功 能 描 述
static boolean addAll(Collection c, T… elements)	将所有指定元素添加到指定集合 c 中
static void copy(List dest, List src)	把一个 List 中的元素复制到另一个 List 中
static void fill(List list, T obj)	使用指定元素替换 List 中的所有元素
static void reverse(List list)	反转指定列表中元素的顺序
static void shuffle(List list)	对 List 中的元素进行随机排序
static void sort(List list)	对 List 中的元素进行自然排序
static void sort(List list,Comparator c)	根据指定比较器产生的顺序对 List 进行排序
static void swap(List list,int i,int j)	将 List 的指定位置处元素进行交换

通过一个例子演示 Collections 类中静态方法的使用。

例 5-11　Example5_11.java。

```java
import java.util.ArrayList;
import java.util.Collections;
public class Example5_11 {
    public static void main(String[] args) {
        ArrayList<String> list = new ArrayList<>();
```

```
        Collections.addAll(list,"j","a","c","k");                //添加元素
        System.out.println("List 集合：" + list);
        Collections.reverse(list);                               //反转集合
        System.out.println("将 List 集合反转：" + list);
        Collections.sort(list);                                  //按自然顺序排序
        System.out.println("将 List 集合按自然顺序排序：" + list);
    }
}
```

运行结果如图 5-16 所示。

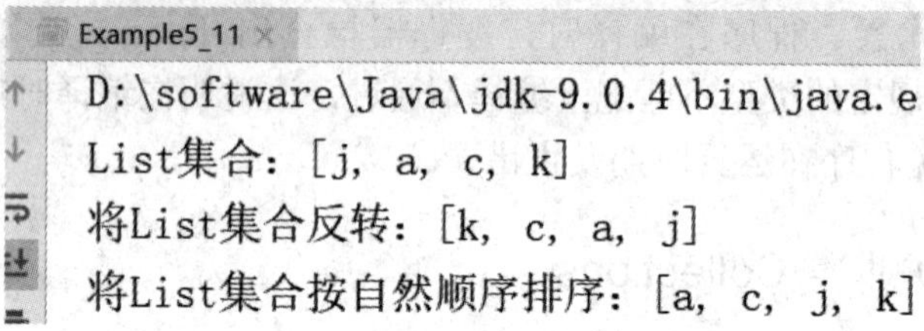

```
Example5_11  ×
D:\software\Java\jdk-9.0.4\bin\java.e
List集合：[j, a, c, k]
将List集合反转：[k, c, a, j]
将List集合按自然顺序排序：[a, c, j, k]
```

图 5-16   例 5-11 运行结果

任务实施

根据任务分析可知共有 4 个步骤，分别是准备牌、洗牌、发牌和看牌。实施过程如下：

(1) 准备牌：设计一个 ArrayList<String>集合，每个字符串为一张牌。每张牌由花色和数字两部分组成，分别通过定义一个数组/集合存储花色和数字，然后使用循环嵌套这两个数组或者集合来实现将 54 张扑克牌存储到这个 ArrayList 集合中。

(2) 洗牌：使用 Collections 工具类的 shuffer()方法随机打乱 ArrayList 集合中元素的顺序。

(3) 发牌：将每个人以及底牌设计为 ArrayList<String>，将最后 3 张牌直接存放于底牌，剩余牌通过对 3 取模依次发牌。

(4) 看牌：对各个集合进行逐个打印。

程序代码如下：

```
import java.util.ArrayList;
import java.util.Collections;
public class DouDiZhu {
    public static void main(String[] args) {
        //1.准备牌
        //定义一个存储 54 张牌的 ArrayList 集合，泛型使用 String
        ArrayList<String> poker = new ArrayList<>();
        //定义两个数组，一个数组存储牌的花色，一个数组存储牌的序号
        String[] colors = {"♠","♥","♣","♦"};
```

```
String[] numbers = {"2","A","K","Q","J","10","9","8","7","6","5","4","3"};
//先把大王和小王存储到 poker 集合中
poker.add("大王");
poker.add("小王");
//循环嵌套遍历两个数组，组装 52 张牌
for(String number : numbers){
    for (String color : colors) {
        //System.out.println(color+number);
        //把组装好的牌存储到 poker 集合中
        poker.add(color+number);
    }
}
//System.out.println(poker);
/*
    2.洗牌
    使用集合的工具类 Collections 中的方法
    static void shuffle(List<?> list)  使用默认随机源对指定列表进行置换
 */
Collections.shuffle(poker);
//System.out.println(poker);
//3.发牌
//定义 4 个集合，存储玩家的牌和底牌
ArrayList<String> player01 = new ArrayList<>();
ArrayList<String> player02 = new ArrayList<>();
ArrayList<String> player03 = new ArrayList<>();
ArrayList<String> diPai = new ArrayList<>();
/*
    遍历 poker 集合，获取每一张牌
    使用 poker 集合的索引%3 给 3 个玩家轮流发牌
    剩余 3 张牌给底牌
    注意:
        先判断底牌(i>=51)，否则牌就发没了
 */
for (int i = 0; i < poker.size() ; i++) {
    //获取每一张牌
    String p = poker.get(i);
    //轮流发牌
    if(i>=51){
        //给底牌发牌
        diPai.add(p);
    }else if(i%3==0){
        //给玩家 1 发牌
```

```
            player01.add(p);
        }else if(i%3==1){
            //给玩家 2 发牌
            player02.add(p);
        }else if(i%3==2){
            //给玩家 3 发牌
            player03.add(p);
        }
    }

    //4.看牌
    System.out.println("刘小华:"+player01);
    System.out.println("周大发:"+player02);
    System.out.println("周天驰:"+player03);
    System.out.println("底牌:"+diPai);
    }
}
```

运行结果如图 5-17 所示。

```
DouDiZhu
D:\software\Java\jdk-9.0.4\bin\java.exe "-javaagent:D:\software\IntelliJ IDEA 2019.
刘小华:[♦7, ♦2, ♣Q, ♠A, ♣6, ♣K, ♥K, ♣J, ♦J, ♣2, ♥4, ♦6, ♥Q, ♠9, ♠10, ♥7, ♥A]
周大发:[♠10, ♣8, ♥5, ♥9, ♦5, ♥2, ♠9, ♥K, ♣4, ♦7, ♥4, ♠A, 大王, ♥8, ♦8, ♠4, ♣7]
周天驰:[♦3, ♠Q, ♦J, ♥3, ♥K, ♣6, ♣3, ♣2, ♠9, 小王, ♦5, ♣Q, ♥6, ♦8, ♣5, ♦10, ♥J]
底牌:[♠3, ♥10, ♦A]
```

图 5-17   斗地主的洗牌、发牌案例运行结果

实践训练

双 11 过后，某公司每天都能收到很多快递，门卫小张想要统计收到快递的人员名单，以便统一通知。现请你帮他编写一段 Java 程序，统计出需要取快递的人员名单。

提示： 可以通过循环一个一个录入有快递的人员姓名，并添加到集合中，由于集合有去重功能，这样最后得到的就是一个不重复的人员名单。

小   结

本模块主要介绍了 Java 中的集合，包括常用的 Collection 集合和 Map 集合，重点掌握 ArrayList、HashSet 和 HashMap 实现类，使用 ArrayList 集合完成了"斗地主"的洗牌、发牌程序设计。

课后习题

一、填空题

1. 在创建 TreeSet 对象时，可以传入自定义比较器，自定义比较器需实现_____接口。

2. 使用 Interator 遍历集合时，首先需要调用_____方法判断是否存在下一个元素，若存在下一个元素，则调用_____方法取出该元素。

3. Map 集合中的元素都是成对出现的，并且都是以_____、_____的映射关系存在。

4. List 集合的主要实现类有_____、_____，Set 集合的主要实现类有_____、_____，Map 集合的主要实现类有_____、_____。

二、判断题

1. Set 集合是通过键值对的方式来存储对象的。(   )

2. 集合中不能存放基本数据类型，而只能存放引用数据类型。(   )

3. 如果创建的 TreeSet 集合中没有传入比较器，则该集合中存入的元素需要实现 Comparable 接口。(   )

4. 使用 Iterator 迭代集合元素时，可以调用集合对象的方法增删元素。(   )

三、选择题

1. List、Set、Map 中的哪些继承自 Collection 接口，以下说法正确的是(   )。

A. List Map   B. Set Map   C. List Set   D. List Map Set

2. 要想保存具有映射关系的数据，可以使用(   )集合。

A. ArrayList   B. HashSet   C. HashMap   D. LinkedList

3. 要想在集合中保存没有重复的元素并且按照一定的顺序排列，可以使用(   )集合。

A. LinkedList   B. ArrayList   C. hashSet   D. TreeSet

三、简答题

1. 简述集合的概念，并列举集合中常用的类和接口。

2. 简述 List、Set 和 Map 的区别。

3. 简述 Collection 和 Collections 的区别。

模块六
GUI

模块介绍

图形用户界面(Graphical User Interface，GUI)是程序的外观，一定程度上反映了程序的功能。用户利用鼠标可以对程序的窗口、菜单、按钮、工具栏和其他图形用户界面元素进行操作，方便地使用软件。GUI 操作简单、易于学习，几乎所有的程序设计软件都提供了 GUI 功能。

Java 针对 GUI 设计提供了基本的图形用户接口开发工具，如 AWT 和 Swing。GUI 最初的目的是为程序员设计一个通用的接口，使其可以在所有平台使用，但是 Java1.0 中基础类 AWT 的组件种类有限，无法实现 GUI 所有设计需要的功能，于是 Swing 出现了，它是 AWT 的增强组件，但并不能完全替代 AWT，这两种组件需要同时出现在一个图形用户界面中。

本模块通过 QQ 页面登录功能来学习 GUI 的外观设计、事件处理和对数据库的访问。

思维导图

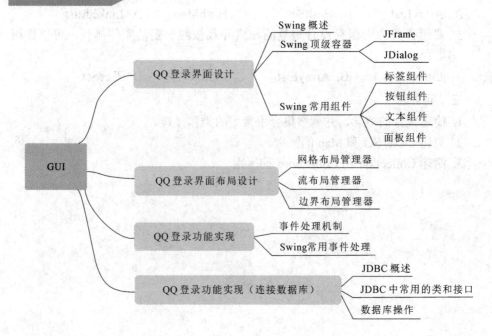

教学大纲

能力目标

◎ 能够利用 GUI 设计图形用户界面

◎ 能够监听按钮并完成相应事件处理

◎ 能够通过图形用户界面访问操作 MySQL 数据库

知识目标

◎ 了解 Swing 的相关概念

◎ 掌握 Swing 常用组件的使用

◎ 掌握 Swing 常用布局管理器的使用

◎ 掌握 Swing 事件处理

◎ 掌握 JDBC 的相关知识和操作

学习重点

◎ Swing 常用组件的使用

◎ Swing 常用布局管理器的使用

◎ Swing 事件处理

学习难点

◎ JDBC 的相关知识和操作

任务 6.1 QQ 登录界面设计

任务目标

· 了解 Swing 的相关概念

· 掌握 Swing 顶级容器

· 掌握 Swing 常用组件

任务描述

QQ 是生活中常用的聊天软件，其登录界面简单、功能丰富，根据 QQ 软件的登录界面，利用 Swing 相关知识完成简单 QQ 登录界面设计。

知识准备

6.1.1 Swing 概述

Java 主要通过 AWT 工具集和 Swing 工具集实现界面设计。AWT(Abstract Windows Toolkit，抽象窗口工具包)来自 java.awt 包，它提供了构建图形用户界面的组件，如按钮、文本框、菜单等，并可以实现相应组件的事件处理等。AWT 是"重量级组件"，即依赖本地平台的组件，当在不同的平台上执行时，不同平台的

GUI 组件的显示会有所不同。此外，AWT 设计的图形用户界面功能有限，且不太美观。为此，Sun 公司对 AWT 进行了改进，提出了 Swing 组件。

Swing 组件是"轻量级组件"，来自 javax.swing 包，它完全由 Java 编写，而 Java 是不依赖操作系统的语言，可以在任何平台上运行。基于 Swing 的界面在任何平台上的显示效果都是一致的，而基于 AWT 的界面可能会因运行平台的不同有微小差别。与 AWT 相比，在实际开发中，更多采用 Swing 进行图形用户界面开发。值得注意的是，Swing 不是 AWT 的替代品，而是在原有 AWT 基础上进行了补充与改进。

AWT 中类与类的关系如图 6-1 所示。

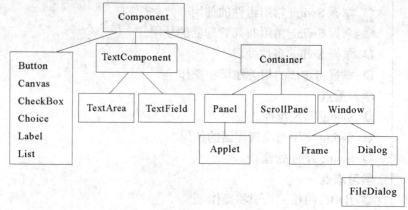

图 6-1 AWT 体系结构

Swing 组件结构如图 6-2 所示。注：箭头表示继承关系。

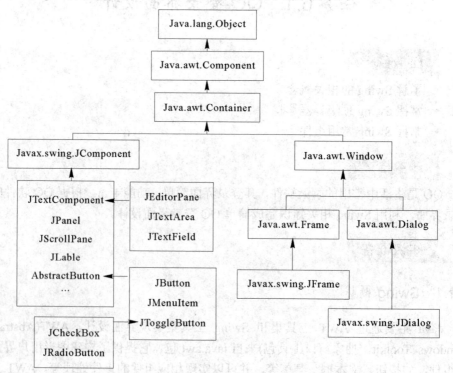

图 6-2 Swing 组件类的层次和继承关系

常用的 Swing 组件如表 6-1 所示。

表 6-1 常用的 Swing 组件

组件名称	定　　义
JFrame	代表 Swing 的框架类
JDialog	代表 Swing 版本的对话框
JButton	代表 Swing 按钮，按钮可以带一些图片或文字
JCheckBox	代表 Swing 中的复选框组件
JRadioButton	代表 Swing 的单选按钮
JTextArea	代表 Swing 中的文本区域
JTextField	代表文本框
JPasswordField	代表密码框
JLabel	代表 Swing 中的标签组件

6.1.2　Swing 顶级容器

顶级容器(也叫窗体)在应用程序中是 Swing 组件的承载体，处于非常重要的地位。Swing 常用的顶级容器类有 JFrame 和 Dialog。本节主要讲解这两个容器。

1. JFrame

在 Swing 组件中，最常用的容器就是 JFrame，它是承载 Swing 程序中各个组件的容器，是一个独立存在的顶级容器，不能放在其他容器中。在创建应用程序时，可以通过继承 javax.swing.JFrame 类创建一个容器，然后在容器中添加组件，同时可以设置事件。JFrame 支持通用窗口的所有基本功能，如"最大化""最小化"和"关闭"等。

下面使用 JFrame 创建一个项目，在窗口中添加一个标签组件。

例 6-1　Example6_1.java。

```
import java.awt.*;
//导入 Swing 包
import javax.swing.*;
class Example6_1{
    public static void main(String[] args) {
        //实例化一个 JFrame 对象
        JFrame frame = new JFrame("JFrameDemo");
        //获得一个容器
        Container container = frame.getContentPane();
        //创建一个 JLabel 标签
        JLabel jl = new JLabel("这是一个 JFrame 窗体");
        //使标签上的文字居中
```

```
        jl.setHorizontalAlignment(SwingConstants.CENTER);
        //将标签添加到容器中
        container.add(jl);
        //设置容器的背景颜色为白色
        container.setBackground(Color.white);
        //设置窗体可见
        frame.setVisible(true);
        //设置窗体大小
        frame.setSize(400, 200);
        //退出时关闭窗口
        frame.setDefaultCloseOperation(JFrame.EXIT_ON_CLOSE);
    }
}
```

运行结果如图 6-3 所示。

图 6-3　例 6-1 运行结果

2. JDialog

JDialog 是 Swing 的另一个顶级容器，是 Swing 组件中的对话框，其功能是从一个窗体中弹出另一个窗体。JDialog 对话框分为模态对话框和非模态对话框。模态对话框指用户需要等待当前对话框处理结束后，才可以与其他窗体交互，而非模态对话框是允许用户在处理对话框的同时与其他窗体进行交互。在创建 JDialog 窗体的应用程序时，需要对 JDialog 类进行实例化，通常使用以下几个构造方法：

(1) JDialog(Frame f)：创建一个指定父窗体，该窗体没有标题。

(2) JDialog(Frame f,String title)：创建一个指定标题和父窗体的对话框。

(3) JDialog(Frame f,boolean model)：创建一个指定类型的对话框，并指定父窗体，但该窗体没有指定标题。

(4) JDialog(Frame f,String title,boolean model)：创建一个指定标题、窗体和模式的对话框。

注：构造方法中的 model 为 true 时对话框为模态对话框，为 false 时对话框为非模态对话框，若省略 model 值，则默认为 false。

下面使用 JDialog 对话框创建一个项目，实现窗体中弹出另一个窗体。

例 6-2　Example6_2.java。

```java
import javax.swing.*;
public class Example6_2{
    private static void MyJDialog() {
        //创建和设置 JFrame 窗体
        JFrame frame = new JFrame("MyJFrame");
        frame.setVisible(true);
        frame.setSize(400, 200);
        frame.setDefaultCloseOperation(JFrame.EXIT_ON_CLOSE);
        //在 JFrame 窗体基础上创建和设置 JDialog 窗体
        JDialog dialog = new JDialog(frame, "JDialog 对话框", true);
        dialog.setVisible(true);
        dialog.setSize(200, 100);
        dialog.setDefaultCloseOperation(JDialog.DO_NOTHING_ON_CLOSE);
    }

    public static void main(String[] args) {
        //使用 SwingUtilities 工具类调用 MyJDialog()方法执行并显示 GUI
        SwingUtilities.invokeLater(Example6_2::MyJDialog);
    }
}
```

运行结果如图 6-4 所示。

图 6-4　例 6-2 运行结果

6.1.3　Swing 常用组件

1. 标签组件

标签组件(JLabel)是最简单的 Swing 组件，用于显示文本信息、图表或者二者的组合，不可编辑，一般用于信息提示。

2. 按钮组件

按钮组件是 Java 图形界面的基本组件之一，用于触发动作。经常用到的按钮形式有 3 种，即提交按钮(JButton)、复选框(JCheckBox)和单选按钮(JRadioButton)。

JButton 组件通常用于创建按钮，当用户按下该组件时会触发一定的动作，可以有效帮助用户操作或进行提示。

JCheckBox 组件在 Swing 组件中使用也非常广泛，它通常是一个方形图标，加上描述性文字，复选框有"选中"和"不选中"两种状态，用户可以进行多选设置。

JRadioButton 组件默认是一个圆形图标，加上描述性文字，与复选框唯一不同的是，用户只能使一个按钮处于"选中状态"。

3. 文本组件

文本组件是使用广泛的组件，尤其是文本框(JTextField)和文本域(JTextArea)。

JTextField 组件用于显示或编辑一个单行文本，当按回车键时即可触发一定的动作。JTextField 在 Swing 中是通过 javax.swing.JTextField 类创建对象的。JPasswordField (密码框)是 JTextField 的子类，是一种特殊的文本框，其与文本框定义和用法基本相同，但其使用回显字符"*"来代替输入的文本信息。

JTextArea 组件是用于接收用户的多行文字输入。下面创建一个可以输入多行信息的文本域窗体。

例 6-3　Example6_3.java。

```java
import javax.swing.*;
import java.awt.*;
public class Example6_3{
    public static void main(String args[]) {
        JFrame frame=new JFrame("Frame with Panel");
        frame.setSize(300,200);
        frame.setVisible(true);
        frame.setTitle("定义自动换行的文本域");
        frame.setDefaultCloseOperation(JFrame.EXIT_ON_CLOSE);
        Container contentPane =frame.getContentPane();
        JTextArea ta=new JTextArea("文本域",20,50);
        ta.setLineWrap(true);    //可以自动换行
        contentPane.add(ta);
    }
}
```

运行结果如图 6-5 所示。

图 6-5　例 6-3 运行结果

4. 面板组件

面板也是一个容器，它可以容纳其他组件，与顶层容器不同的是，面板不能独立存在，必须被添加到其他容器内部。面板可以嵌套，因此可以设计出复杂的图形用户界面。Swing 常用的面板组件有普通面板(JPanel)和滚动面板(JScrollPane)。

下面创建一个普通黄色面板，在面板中增加一个按钮，然后将该面板添加到 JFrame 的一个实例中，JFrame 实例的背景色被设置为蓝绿色。

例 6-4 Example6_4.java。

```java
import java.awt.*;
import javax.swing.*;
public class Example6_4 {
    public static void main(String args[]) {
        JFrame frame = new JFrame("Frame with Panel");
        Container contentPane = frame.getContentPane();
        contentPane.setBackground(Color.CYAN);
        JPanel panel = new JPanel();
        panel.setBackground(Color.yellow);
        JButton button = new JButton("Press me");
        panel.add(button);
        contentPane.add(panel, BorderLayout.SOUTH);
        frame.setSize(300, 200);
        frame.setVisible(true);
        frame.setDefaultCloseOperation(JFrame.EXIT_ON_CLOSE);
    }
}
```

运行结果如图 6-6 所示。

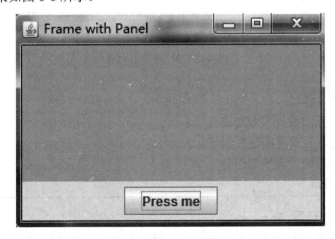

图 6-6 例 6-4 运行结果

下面在 JFrame 窗体中创建一个滚动面板。

例 6-5   Example6_5.java。

```java
import javax.swing.*;
import java.awt.*;
public class Example6_5 {
    public static void main(String[] args) {
        JFrame frame = new JFrame("Frame with Panel");
        Container contentPane = frame.getContentPane();
        JTextArea ta = new JTextArea(20, 50);
        JScrollPane sp = new JScrollPane(ta);
        contentPane.add(sp);
        frame.setTitle("带滚动条的文本编辑器");
        frame.setSize(300, 200);
        frame.setVisible(true);
        frame.setDefaultCloseOperation(JFrame.EXIT_ON_CLOSE);
    }
}
```

运行结果如图 6-7 所示。

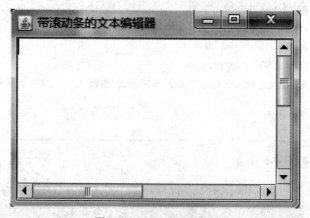

图 6-7   例 6-5 运行结果

任务实施

QQ 登录界面设计实施思路：

(1) 对 QQ 登录界面进行设计。

(2) 分析界面所需要的组件。

程序代码如下：

```java
import javax.swing.*;
public class QQLogin {
    public static void main(String agrs[]) {
        JFrame f = new JFrame("QQ 登录");
```

```
        f.setSize(220, 120);
        JLabel l_username = new JLabel("用户名");
        JLabel l_password = new JLabel("密码");
        JTextField t_username = new JTextField(20);
        JPasswordField t_password = new JPasswordField(21);
        JButton b1 = new JButton("登录");
        JButton b2 = new JButton("注册");
        JButton b3 = new JButton("取消");
        JPanel p1 = new JPanel();
        f.add(p1);
        p1.add(l_username);
        p1.add(t_username);
        p1.add(l_password);
        p1.add(t_password);
        p1.add(b1);
        p1.add(b2);
        p1.add(b3);
        f.setVisible(true);
        p1.add(b2);
        p1.add(b3);
        f.setVisible(true);
    }
}
```

运行结果如图 6-8 所示。

图 6-8　任务 6.1 的运行结果

实践训练

完成 QQ 注册界面设计。

任务 6.2　QQ 登录界面布局设计

任务目标

- 掌握绝对布局
- 掌握网格布局管理器
- 掌握流布局管理器
- 掌握边界布局管理器

任务描述

将布局管理器融入 QQ 登录界面设计中，使页面更加美观。

知识准备

Swing 组件不能单独存在，需要放置在容器中，而每个组件的位置和大小通常有布局管理器负责安排。每个容器，如顶层容器或者 JPanel 的内容窗格，都默认包含了一个布局管理器，通过容器中的 setLayout() 方法便可以改变容器的布局管理器。在 AWT 基础上，Swing 工具提供了 8 种布局管理器，分别为 GridLayout(网格布局管理器)、FlowLayout(流布局管理器)、BorderLayout(边界布局管理器)、BoxLayout(箱式布局管理器)、CardLayout(卡片布局管理器)、GridBagLayout(网格包布局管理器)、GroupLayout(分组布局管理器)、SpringLayout(弹性布局管理器)。

本节主要针对常用的几个布局管理器进行介绍。

6.2.1　网格布局管理器

GridLayout 是将容器划分成 n 行 m 列大小相同的网格，如一个两行三列的网格能产生 6 个大小相同的网格。添加到容器的组件从网格的左上角(第 1 行第 1 列)开始，按照从左到右、从上到下的顺序添加到网格中，并且每个组件都会占据网格的整个区域，窗体大小改变时，组件的大小也会相应地改变。

网格布局管理器有 3 种构造函数，如表 6-2 所示。

表 6-2　GridLayout 构造函数

函 数 声 明	功 能 描 述
GridLayout()	创建一个只有一行的网格，网格的列数根据实际需要而定
GridLayout(int rows,int cols)	创建一个指定行数和列数的布局网格
GridLayout(int rows, int cols, int hgap, int vgap)	创建具有指定行数和列数以及组件之间水平间距和垂直间距的布局网格

下面创建一个容器，设置其为网格布局管理器，并在网格布局管理器中添加20 个按钮。

例 6-6　Example6_6.java。

```java
import java.awt.*;
import javax.swing.*;
public class Example6_6 {
    public static void main(String args[]) {
        JFrame frame = new JFrame("Frame with Panel");
        Container contentPane = frame.getContentPane();
        frame.setSize(300, 200);
        frame.setTitle("这是一个使用网格布局管理器的窗体");
        frame.setVisible(true);
        frame.setDefaultCloseOperation(JFrame.EXIT_ON_CLOSE);
        frame.setLayout(new GridLayout
                (7, 3, 5, 5));
        for (int i = 0; i < 20; i++) {
            contentPane.add(new JButton("button" + i));
        }
    }
}
```

运行结果如图 6-9 所示。

图 6-9　例 6-6 运行结果

6.2.2　流布局管理器

FlowLayout 是最基本、最简单的布局管理器，当组件添加到流布局管理器时，容器会将组件从左到右放置，直到此行空间被占满，然后再向下一行移动。默认情况是居中对齐。

流布局管理器有 3 种构造函数，如表 6-3 所示。

表 6-3   FlowLayout 构造函数

函 数 声 明	功 能 描 述
FlowLayout()	组件默认居中对齐，水平和垂直间距是 5 个像素
FlowLayout(int align)	指定组件相对容器对齐方式，水平和垂直间距是 5 个像素
FlowLayout(int align,int hgap,int vgap)	指定组件的对齐方式以及水平、垂直间距

下面创建一个容器，设置为流布局管理器，并在流布局管理器中添加 10 个按钮。

例 6-7   Example6_7.java。

```java
import java.awt.*;
import javax.swing.*;
public class Example6_7{
    public static void main(String args[]) {
        JFrame frame = new JFrame("Frame with Panel");
        Container contentPane = frame.getContentPane();
        frame.setSize(300, 200);
        frame.setTitle("这是一个使用流布局管理器的窗体");
        frame.setVisible(true);
        frame.setDefaultCloseOperation(JFrame.EXIT_ON_CLOSE);
        frame.setLayout(new FlowLayout(2, 10, 10));
        for (int i = 0; i < 10; i++) {
            contentPane.add(new JButton("button" + i));
        }
    }
}
```

运行结果如图 6-10 所示。

图 6-10   例 6-7 运行结果

6.2.3　边界布局管理器

BorderLayout 是一种较为复杂的布局管理器。在不指定窗体布局的情况下，Swing 组件的布局模式是 BorderLayout。BorderLayout 将容器划分为 5 个区域：东、南、西、北、中。当组件添加到边界布局管理器时，容器可以通过 Container 类的 add()方法将组件添加到对应的区域。

BorderLayout 类的主要成员变量如表 6-4 所示。

表 6-4　FlowLayout 成员变量

成员变量	含　义
BorderLayout.NORTH	组件位于容器顶端
BorderLayout.SOUTH	组件位于容器底端
BorderLayout.EAST	组件位于容器右端
BorderLayout.WEST	组件位于容器左端
BorderLayout.CENTER	组件位于容器中间

下面创建一个容器，设置其为边界布局管理器，并在边界布局管理器的东、南、西、北、中 5 个区域各添加 1 个按钮。

例 6-8　Example6_8.java。

```
import java.awt.*;
import javax.swing.*;
public class Example6_8{
    public static void main(String args[]) {
        String[] border = {BorderLayout.CENTER, BorderLayout.NORTH,
BorderLayout.SOUTH, BorderLayout.WEST, BorderLayout.EAST};
        String[] buttonName = {"center button", "north button", "south button",
"west button", "east button"};
        JFrame frame = new JFrame("Frame with Panel");
        Container contentPane = frame.getContentPane();
        frame.setSize(300, 200);
        frame.setTitle("这是一个使用边界布局管理器的窗体");
        frame.setVisible(true);
        frame.setDefaultCloseOperation(JFrame.EXIT_ON_CLOSE);
        frame.setLayout(new BorderLayout());
        for (int i = 0; i < border.length; i++) {
            contentPane.add(border[i], new JButton(buttonName[i]));
        }
    }
}
```

运行结果如图 6-11 所示。

图 6-11 例 6-8 运行结果

任务实施

QQ 登录界面布局设计。程序代码如下：

```java
import javax.swing.*;
import java.awt.*;
public class Login {
    public static void main(String agrs[]) {
        JFrame f = new JFrame();
        f.setSize(220, 120);
        JLabel l_username = new JLabel("用户名");
        JLabel l_password = new JLabel("密码");
        JTextField t_username = new JTextField();
        JPasswordField t_password = new JPasswordField();
        JButton b1 = new JButton("登录");
        JButton b2 = new JButton("注册");
        JButton b3 = new JButton("取消");
        JPanel p1 = new JPanel();
        p1.setLayout(new GridLayout(2, 2));
        p1.add(l_username);
        p1.add(t_username);
        p1.add(l_password);
        p1.add(t_password);
        JPanel p2 = new JPanel();
        p2.setLayout(new FlowLayout());
        p2.add(b1);
        p2.add(b2);
        p2.add(b3);
        f.setLayout(new BorderLayout());
        f.add(p1, BorderLayout.NORTH);
```

```
        f.add(p2, BorderLayout.SOUTH);
        f.setVisible(true);
    }
}
```

运行结果如图 6-12 所示。

图 6-12　任务 6.2 运行结果

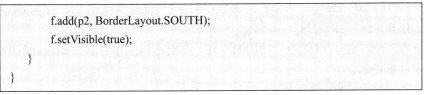

实践训练

创建一个项目，设计一个页面，将两个按钮"Press me"和"Don't press me"放在流动布局的页面中，显示窗口。

任务 6.3　QQ 登录功能实现

任务目标

- 理解事件处理机制
- 掌握 Swing 常用事件处理

任务描述

在设计完成的登录界面上，进行事件监听。当用户输入正确的用户名和密码(在此设置正确的用户名和密码分别为"admin"和"123")，并单击"登录"按钮时，弹出一个新的对话框，显示"登录成功"；否则，弹出的对话框显示"登录失败"。

知识准备

6.3.1　事件处理机制

Swing 组件中事件处理机制的任务是当组件发生某事件时，允许组件做出相应动作。Swing 事件处理机制可由 3 个对象完成，分别是事件源、事件对象以及监听器。

(1) 事件源：产生事件的组件，如按钮。

(2) 事件对象：组件产生的特定事件，如事件源(如按钮)在用户做出相应动作(如按下按钮)时产生的对象。

(3) 监听器：监听事件源上发生的事件，并对不同的事件做出相应处理的对象(包含事件处理器)。

Swing 事件处理流程如图 6-13 所示。

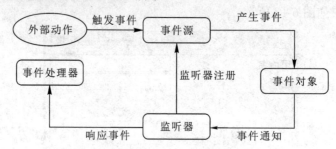

图 6-13　事件处理流程框图

在图 6-13 中，事件源是一个组件(如按钮)，当用户外部动作(如按下按钮)触发事件源，会产生事件对象(如按下按钮动作产生的事件对象为 ActionEvent 类对象)，同时要编写一个监听器的类实现相应的接口(如 ActionEvent 类对应的是 ActionListener 接口)，此时接口需要获得该事件对象需要实现接口里的每个方法。最后事件源(如按钮)调用相应的方法加载这个"实现特定类型监听接口"的类对象，所有的事件源都具有 addXXXListener() 和 removeXXXListener()(其中"XXX"方法代表监听事件类型)，这样就可以为组件添加或移除相应的事件监听器了。

事件处理的步骤如下：

(1) 程序中引入 import java.awt.event 包。

(2) 给所需事件源注册事件监听程序。

(3) 实现监听接口中所有的方法。

下面创建一个图形用户界面，并设置 1 个按钮，实现该按钮被按下的事件处理。

例 6-9　Example6_9.java。

```java
import java.awt.*;
import javax.swing.*;
import java.awt.event.*;
public class Example6_9 {
    public static void main(String[] args) {
        JFrame frame = new JFrame("Frame with Panel");
        Container contentPane = frame.getContentPane();
        frame.pack();
        frame.setVisible(true);
        frame.setDefaultCloseOperation(JFrame.EXIT_ON_CLOSE);
        JButton button = new JButton("按钮");
        contentPane.add(button, BorderLayout.CENTER);
```

```
            button.addActionListener(new ButtonHander());
        }

    static class ButtonHander implements ActionListener {
        public void actionPerformed(ActionEvent e) {
            System.out.println("用户点击了按钮组件");
        }
    }
}
```

运行结果如图 6-14 和图 6-15 所示。

图 6-14　例 6-9 的运行结果 1

```
"C:\Program Files\Java\jdk1.8.0_201\bin\java.exe" ...
用户点击了按钮组件
```

图 6-15　例 6-9 的运行结果 2

6.3.2　Swing 常用事件处理

在 java.awt.event 包和 javax.swing.event 包中定义了很多事件类，大致可分为鼠标事件(MouseEvent)、动作事件(ActionEvent)、窗体事件(WindowEvent)、键盘事件(KeyEvent)等，每一个事件类都有一个接口，并且接口中声明了一个或多个事件处理方法。表 6-5 为 Swing 常用的事件类型、产生相关事件的组件以及与之对应的接口和接口中声明的方法。

表 6-5　Swing 常用事件

事件类型	组　件	接口名称	方法及说明
MouseMotionEvent	JComponent 类及其子类	MouseMotionListener	mouseDragged(MouseEvent)：鼠标拖放时 mousemoved(MouseEvent)：鼠标移动时
MouseButtonEvent	JComponent 类及其子类	MouseListener	mousePressed(MouseEvent)：鼠标键按下时 mouseReleased(MouseEvent)：鼠标键释放时 mouseEntered(MouseEvent)：鼠标进入时 mouseExited(MouseEvent)：鼠标离开时 mouseClicked(MouseEvent)：鼠标单击时
ActionEvent	JButton JCheckBox JMenuItem JRedioButton JComboBox	ActionListener	actionPerformed(ActionEvent)：单击按钮、选择菜单项或在文本框中按"Enter"键时
WindowEvent	JFrame JWindow JDialog	WindowListener	windowClosing(WindowEvent)：窗口关闭时 windowOpened(WindowEvent)：窗口打开时 windowIconified(WindowEvent)：窗口最小化时 windowDeiconified(WindowEvent)最小化窗口还原时 windowClosed(WindowEvent)：窗口关闭后 windowActivated(WindowEvent)：窗口激活时 windowDeactivated(WindowEvent)：窗口失去焦点时
KeyEvent	JComponent 类及其子类	KeyListener	keyPressed(KeyEvent)：键按下时 keyReleased(KeyEvent)：键释放时 keyTyped(KeyEvent)：击键时

任务实施

在设计完成的登录界面上进行事件监听。当输入正确的用户名"admin"和密码"123"后，弹出对话框并显示"登录成功"；否则，弹出的对话框显示"登录失败"。实施过程如下：

(1) 创建登录页面。

(2) 创建按钮监听。

(3) 判断是否正确登录。

程序代码如下：

```java
import javax.swing.*;
import java.awt.*;
import java.awt.event.ActionEvent;
import java.awt.event.ActionListener;
public class Login_Test {
    public static void main(String[] agrs) {
        JFrame f = new JFrame();
        f.setSize(220, 120);
        f.setDefaultCloseOperation(JFrame.EXIT_ON_CLOSE);
        // JFrame 窗口的关闭按钮，点击它时，退出程序
        JLabel l_username = new JLabel("用户名");
        JLabel l_password = new JLabel("密码");
        JTextField t_username = new JTextField();
        JPasswordField t_password = new JPasswordField();
        JButton b1 = new JButton("登录");
        JButton b2 = new JButton("注册");
        JButton b3 = new JButton("取消");
        JPanel p1 = new JPanel();
        p1.setLayout(new GridLayout(2, 2));
        p1.add(l_username);
        p1.add(t_username);
        p1.add(l_password);
        p1.add(t_password);
        JPanel p2 = new JPanel();
        p2.setLayout(new FlowLayout());
        p2.add(b1);
        p2.add(b2);
        p2.add(b3);
        f.setLayout(new BorderLayout());
        f.add(p1, BorderLayout.NORTH);
        f.add(p2, BorderLayout.SOUTH);
        f.setVisible(true);
        b1.addActionListener(new ActionListener() {
```

```
@Override
public void actionPerformed(ActionEvent e) {
    if (e.getSource() == b1) {
        String name = t_username.getText();
        String password = t_password.getText();
        if (name.equals("admin") & password.equals("123")) {
            JFrame f = new JFrame("应用程序主窗口");
            f.setSize(200, 200);
            f.setVisible(true);
            JButton b = new JButton("登录成功");
            f.add(b);
        } else {
            JFrame f1 = new JFrame("应用程序主窗口");
            f1.setSize(200, 200);
            f1.setVisible(true);
            JButton b1 = new JButton("登录失败");
            f1.add(b1);
        }}}
});
    b3.addActionListener(new ActionListener() {
    public void actionPerformed(ActionEvent e) {
        if (e.getSource() == b3) {
            t_username.setText("");
            t_password.setText("");
        } }
    });
    }
}
```

运行结果如图 6-16 所示。

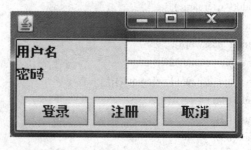

图 6-16   任务 6.3 运行结果

当用户名和密码文本框分别输入 "admin" 和 "123" 时，登录成功，如图 6-17 所示；反之，当用户名和密码不是 "admin" 和 "123" 时，则登录失败，如图 6-18 所示。

图 6-17 任务 6.3 登录成功弹窗

图 6-18 任务 6.3 登录失败弹窗

实践训练

创建一个 JFrame 窗口，在窗口设置一个兴趣标签，并对应 3 个多选按钮，依次为"羽毛球""乒乓球""唱歌"；另外设置一个性别单选按钮，分别为"男""女"。当选择按钮时，要求把按钮的文本显示在窗口下方。

任务 6.4 QQ 登录功能实现(连接数据库)

任务目标

- 了解 JDBC
- 掌握 JDBC 常用的类和接口
- 掌握数据库操作

任务描述

在数据库中创建用户登录信息，然后建立 QQ 登录应用程序与数据库的连接，并通过 SQL 语句判断用户 QQ 登录信息是否正确。

知识准备

6.4.1 JDBC 概述

JDBC(Java Database Connectivity，Java 数据库连接技术)是一套面向对象的应用程序接口。JDBC 是一种底层的 API，允许程序员通过统一接口连接不同的数据库。应用程序通过 API 连接到数据库，利用封装在类和接口中的 SQL 操作语句完成对数据库中数据的查询、增加、删除、修改等操作。JDBC 的框架结构包括 Java 应用程序、JDBC API、JDBC Driver Manager、JDBC 驱动程序和数据源 5 个部分。应用程序统一调用 JDBC API，根据不同的数据库(如 MySQL、Oracle 等)，通过 JDBC

Driver Manager 装载不同的数据库驱动程序，建立与数据库的连接，向数据库发送 SQL 请求，并将数据库处理结果返回给 Java 应用程序。应用程序通过 JDBC 访问数据库的方式如图 6-19 所示。

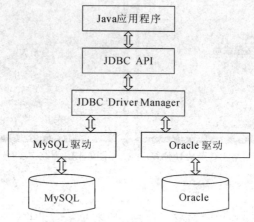

图 6-19　JDBC 访问数据库的方式

6.4.2　JDBC 常用的类和接口

在 JDBC 语言中，提供了丰富的接口和类用于数据库编程，利用这些接口和类可以方便地对数据库进行访问和处理。JDBC 框架结构中，被程序员调用的接口都放在 java.sql 和 javax.sql 包中。本节主要介绍 java.sql 中常用的 JDBC 接口和类，如 DriverManager 接口、Connection 接口、Statement 接口、PreparedStatement 接口和 ResultSet 接口。

1. DriverManager 接口

DriverManager 接口用于管理数据库中所有的驱动，位于 JDBC 管理层，主要用于连接用户和驱动程序、跟踪可用的用户程序，根据不同数据库，注册、载入相应的 JDBC 驱动程序，然后由驱动程序直接连接相应的数据库。

2. Connection 接口

Connection 接口负责与特定数据库相连，并传送数据。

3. Statement 接口

在建立连接的基础上，Statement 接口负责执行 SQL 语句，如增加、删除、修改、查找等操作。

4. PreparedStatement 接口

Statement 对象执行不带参数的简单 SQL 语句，PreparedStatement 接口继承了 Statement 接口，用于动态执行 SQL 语句。通过 PreparedStatement 实例执行的动态 SQL 语句，将被预编译保存到 PreparedStatement 实例中，从而可以反复执行 SQL 语句。

5. ResultSet 接口

ResultSet 接口类似于一个临时表，用来暂存数据库查询操作所获得的结果集。

常用接口和类执行的关系如图 6-20 所示。

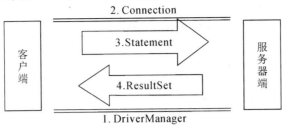

图 6-20　常用接口和类执行的关系

6.4.3　数据库操作

访问数据库，首先需要加上数据库驱动，然后连接数据库，操作数据库。当完成数据库操作后，销毁前面创建的 Connection 对象，释放与数据库的连接。通常数据库驱动只需要在第一次访问数据库时加载。

例 6-10　Example6_10.java。

在 MySQL 上创建 tb_user 数据库以及在 tb_user 中创建 new_table 表，new_table 表如图 6-21 所示。其中数据库的登录名和密码均为 root。要求通过应用程序完成两个功能：① 连接数据；② 对数据库中 new_table 表的数据进行遍历。

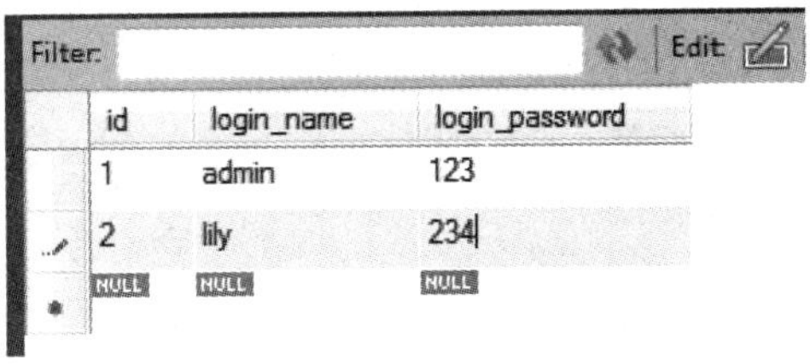

id	login_name	login_password
1	admin	123
2	lily	234
NULL	NULL	NULL

图 6-21　new_table 图表

```
import java.sql.*;
public class Example6_10{
    public static void main(String[] args) throws SQLException {
        Connection conn = null;
        Statement stmt = null;
        ResultSet rs = null;
        int i = 0;
        try {
            // 1. 加载数据库驱动
            Class.forName("com.mysql.jdbc.Driver");
            System.out.println("驱动加载成功");
            // 2.通过 DriverManager 获取数据库连接
            String url = "jdbc:mysql:  //localhost:3306/tb_user";
            String username = "root";
            String password = "root";
            conn = DriverManager.getConnection(url, username, password);
```

```
            System.out.println("数据库连接成功");
            // 3.通过 Connection 对象获取 Statement 对象
            stmt = conn.createStatement();
            // 4.使用 Statement 执行 SQL 语句
            String sql = "select * from new_table";
            rs = stmt.executeQuery(sql);
            // 5. 操作 ResultSet 结果集
            System.out.println("id|login_name|login_password");
            //查询数据库中表的每一行记录
            while (rs.next()) {
                String id = rs.getString("id");        //通过列名获取指定字段的值
                String login_name = rs.getString("login_name");
                String login_password = rs.getString("login_password");
                System.out.println(id + "|" + login_name + "|" + login_password);
                //判断是否存在一行记录与用户登录信息一致，如果存在，则使 i 增
                    加 1
            }
        } catch (SQLException | ClassNotFoundException e1) {
            // 6.关闭连接，释放资源
            if (rs != null || stmt != null || conn != null) {
                try {
                    rs.close();
                    stmt.close();
                    conn.close();
                } catch (SQLException ex) {
                    ex.printStackTrace();
                }
            }
        }
    }
}
```

运行结果如图 6-22 所示。

```
驱动加载成功
数据库连接成功
id|login_name|login_password
1|admin|123
2|lily|234

Process finished with exit code 0
```

图 6-22　例 6-10 运行结果

任务实施

在数据库中创建用户登录信息，然后建立 QQ 登录应用程序与数据库的连接，并通过 SQL 语句判断用户 QQ 登录信息是否正确。实施过程如下：

(1) 创建登录页面。

(2) 创建按钮监听。

(3) 连接并访问数据库。

(4) 判断是否正确登录。

程序代码如下：

```java
import javax.swing.*;
import java.awt.*;
import java.awt.event.ActionEvent;
import java.awt.event.ActionListener;
import java.sql.*;
class LoginFrame extends JFrame implements ActionListener {
    JLabel l_username, l_password;
    JTextField t_username;
    JPasswordField t_password;
    JButton b1, b2, b3;
    JPanel p1, p2, p3;
    //创建登录页面
    LoginFrame() {
        l_username = new JLabel("用户名");
        l_password = new JLabel("密码");
        t_username = new JTextField();
        t_password = new JPasswordField();
        b1 = new JButton("登录");
        b2 = new JButton("注册");
        b3 = new JButton("取消");
        p1 = new JPanel();
        p1.setLayout(new GridLayout(2, 2));
        p1.add(l_username);
        p1.add(t_username);
        p1.add(l_password);
        p1.add(t_password);
        JPanel p2 = new JPanel();
        p2.setLayout(new FlowLayout());
        p2.add(b1);
        p2.add(b2);
        p2.add(b3);
        b1.addActionListener(this); //this 表示当前类的对象
        b3.addActionListener(this);
```

```
        p3 = new JPanel();
        this.add(p3);
        p3.setLayout(new BorderLayout());
        p3.add(p1, BorderLayout.NORTH);
        p3.add(p2, BorderLayout.SOUTH);
    }
//创建按钮监听
public void actionPerformed(ActionEvent e) {
    Connection conn = null;
    Statement stmt = null;
    ResultSet rs = null;
    int i = 0;
    try {
        // 1. 加载数据库驱动
        Class.forName("com.mysql.jdbc.Driver");
        System.out.println("驱动加载成功");
        // 2. 通过 DriverManager 获取数据库连接
        String url = "jdbc:mysql:    //localhost:3306/jdbc1";
        String username = "root";
        String password = "root";
        conn = DriverManager.getConnection(url, username, password);
        System.out.println("数据库连接成功");
        // 3. 通过 Connection 对象获取 Statement 对象
        stmt = conn.createStatement();
        // 4. 使用 Statement 执行 SQL 语句
        String sql = "select * from new_table";
        rs = stmt.executeQuery(sql);
        // 5. 操作 ResultSet 结果集
        System.out.println("id|login_name|login_password");
        //查询数据库中表的每一行记录
        while (rs.next())
        {
            // 通过列名获取指定字段的值
            String id = rs.getString("id");
            String login_name = rs.getString("login_name");
            String login_password = rs.getString("login_password");
            System.out.println(id + "|" + login_name + "|" + login_password);
            //判断是否存在一行记录与用户登录信息一致，如果存在，则使 i
            增加 1
            if (e.getSource() == b1)
            {
                String nameEnter = t_username.getText();
                String passwordEnter = t_password.getText();
```

```
                    if(nameEnter.equals(login_name)&
                    passwordEnter.equals(login_password)) {
                        i++;
                    }}}
            //当 i 为 0 时，意味着没有记录与登录信息一致，则登录失败
            if (i == 0)
            {
                JOptionPane.showMessageDialog(this, "登录失败", "登录",
JOptionPane.ERROR_MESSAGE);
            }
            else
            {
                JOptionPane.showMessageDialog(this, "登录成功");
            }
        } catch (SQLException | ClassNotFoundException e1)
        {
            // 6. 关闭连接，释放资源
            if (rs != null||stmt != null||conn != null)
            {
                try {
                    rs.close();
                    stmt.close();
                    conn.close();
                } catch (SQLException ex)
                {
                    ex.printStackTrace();
                }
            }
        }
        if (e.getSource() == b3) {
            t_username.setText("");
            t_password.setText("");
        }
    }
}
public class Login_SQL{
    public static void main(String[] args) throws SQLException {
        LoginFrame f = new LoginFrame();
        f.setSize(200, 300);
        f.setVisible(true);
    }
}
```

在 MySQL 上创建的 jdbc1 数据库及其 tb_user 表如图 6-23 所示。

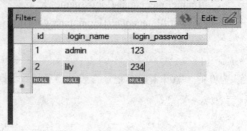

图 6-23　jdbc1 数据库及其 tb_user 表

运行结果如图 6-24～图 6-26 所示。

图 6-24　任务 6.4 运行结果 1

```
"D:\Program Files\JetBrains\Intell
驱动加载成功
数据库连接成功
id|login_name|login_password
1|admin|123
2|lily|234
```

图 6-25　任务 6.4 运行结果 2

图 6-26　任务 6.4 运行结果 3

实践训练

编写 jdbc 案例，要求如下：

(1) 创建 tb_user 表，表设计如任务 6.4 所示；

(2) 使用 jdbc 分别完成数据的插入、修改、查询和删除操作。

小　　结

本模块主要介绍了 Swing 的基本要素，包括组件、窗体、布局、事件监听器等。

课 后 习 题

一、选择题

1. 以下不是 JDialog 类构造方法的是(　　)。

A. JDialog( )　　　　　　　　B. JDialog(boolean b)

C. JDialog(JFrame f,String s)　　D. JDialog(JFrame f,String s,boolean b)

2. 以下 Swing 提供的 GUI 组件类和容器类中，不属于顶层容器的是(　　)。

A. JFrame　　　　　　　　　B. JApplet

C. JDialog　　　　　　　　　D. JMenu

3. 鼠标单击列表中某个选项事件的相应接口是(　　)。

A. ListActionListener　　　　　B. ListSelectionListener

C. ActionListener　　　　　　　D. SelectionListener

4. 在 Swing 中，它的子类能用来创建框架窗口的类是(　　)。

A. JWindow　　　　　　　　　B. JFrame

C. JDialog　　　　　　　　　D. JApplet

5. MouseListener 接口不能处理的鼠标事件是(　　)。

A. 单击鼠标左键　　　　　　　B. 单击鼠标右键

C. 鼠标进入　　　　　　　　　D. 鼠标移动

二、填空题

1. 对话框的默认布局是_____。

2. 在 Swing 中，带有滚动条面板的类名是_____。

3. 组合框(JComboBox)是_____的组合。

三、简答题

1. 写出 GridLayout 布局的 3 种构造方法。

2. 写出 JFrame、Frame 以及 Window 这 3 个类的继承关系(按照从父类到子类顺序排列)。

模块七
I/O 流

模块介绍

大多数应用程序都需要实现与设备之间的数据传输，如键盘可以输入数据，显示器可以显示程序的运行结果等。在 Java 中，将这种通过不同输入/输出设备之间的数据传输抽象表述为"流"，程序允许通过流的方式与输入/输出设备进行数据传输。本模块主要介绍 File 类、输入流与输出流、字节流与字符流、缓冲流等内容。

思维导图

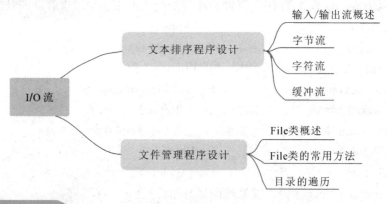

教学大纲

能力目标

◎ 能够实现文件的读写

◎ 能够创建、删除和修改文件及目录

知识目标

◎ 了解输入/输出流

◎ 掌握字节流与字符流

◎ 掌握缓冲流

◎ 理解 File 类

◎ 掌握 File 类的主要方法

◎ 掌握目录的遍历

学习重点

◎ 字节流与字符流读写文件的操作

◎ 缓冲流

◎ File 类的主要方法

学习难点

◎ 字节流与字符流读写文件的操作

任务 7.1 文本排序程序设计

任务目标

· 了解输入/输出流

· 掌握字节流与字符流

· 掌握缓冲流

任务描述

试将文本信息恢复顺序，文本信息如图 7-1 所示。

4. 香港回归是世纪老人 "主权问题决不让步" 的声音奏响的民族乐章。再唱《七子之歌》，乐曲中只留下对过去的断想。崛起的中国，已成为东方神话，在世界民族之林中留下不倒的脊梁。

5. 爱国主义是千百年来形成的对于自己祖国的深厚情感，表现为对祖国和家乡的热爱和深切的眷恋，对祖国统一民族团结的强烈期盼，对祖国繁荣昌盛的坚定信念，对祖国主权和尊严的坚决捍卫，这就是十三亿颗心一起跳动的音符，催眠成一个伟大的中国梦。

2. 中华魂是伯夷、叔齐的 "不食周粟"；是霍去病的 "匈奴未灭，何以为家？"；是陆游的 "位卑未敢忘忧国"；是岳飞的 "精忠报国"；是文天祥的 "留取丹心照汗青" ……中华魂是热爱祖国，是精忠报国。

6. 悠悠岁月如水流逝，中华魂成为我们敬仰的昨日，锦绣前程，如花灿烂。中国梦成为我们共同的追求。我们应以先贤为楷模，在盛世如花的今天，用智慧共筑民族振兴的中国梦，不负这个伟大的民族，不负这个伟大的时代 ！

1. 五千年文明史，记载着中华英魂的不屈奋斗；六十五年发展史，凝聚着中华民族的智慧硕果；十三亿人民在二十一世纪继承先绪，共圆一个富国强民的中国梦。

3. 中华魂在近代的星空也闪烁着不灭的火焰：是戈壁滩上升起的蘑菇云，是中华崛起的烽火，昭告天下，中国有了不屈的声响。现代中国的改革开放，把旧中国的一穷二白甩进了太平洋。

图 7-1 文本信息

知识准备

7.1.1 I/O 流概述

生活中肯定出现过这样的场景。当编辑一个文本文件，忘记了 Ctrl + S，可能文件就白白编辑了。当电脑上插入一个 U 盘，可以把一个视频拷贝到电脑硬盘里。那么数据传输都经过了哪些设备呢？键盘、内存、硬盘、外接设备等。这种数据的传输可以看作是一种数据的流动，按照流动的方向，以内存为基准，分为输入 Input 和输出 Output，即流向内存是输入流，流出内存的输出流，如图 7-2 所示。

图 7-2　I/O 流的流向说明图

I/O(Input/Output)流即输入/输出流，用来进行输入/输出操作，输入也叫作读取数据，输出也叫作写出数据。

I/O 流有很多种，按照不同的分类方式，主要可以分为以下两类：

(1) 根据数据流向不同分为输入流和输出流。把数据从其他设备上读取到内存中的流称为输入流，把数据从内存中写出到其他设备上的流称为输出流。

(2) 根据处理数据类型的不同分为字节流和字符。字节流以字节为单位，读写数据的流。字符流以字符为单位，读写数据的流。

Java 中的 I/O 流主要定义在 java.io 包中，该包下定义了很多类，其中有 4 个类为流的顶级类，分别为 InputStream、OutputStream、Reader 和 Writer。InputStream 和 OutPutStream 是字节流，而 Reader 和 Writer 是字符流；InputStream 和 Reader 是输入流，而 OutPutStream 和 Writer 是输出流，如图 7-3 所示。

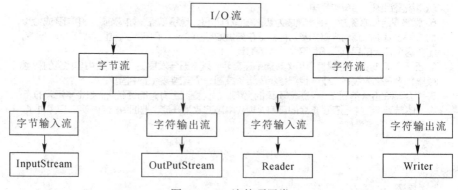

图 7-3　I/O 流的顶层类

7.1.2　字节流

1. 字节流的概念

在计算机中，一切文件数据(文本、图片、视频等)在存储时，都是以二进制数字的形式保存，I/O 流中针对字节的输入/输出提供了一系列的流，统称为字节流。字节流是程序中最常用的流。在 JDK 中，所有的字节输入流都继承自 InputStream，所有的字节输出流都继承自 OutputStream。便于理解，可以把 InputStream 和 OutputStream 比作两根"水管"，如图 7-4 所示。

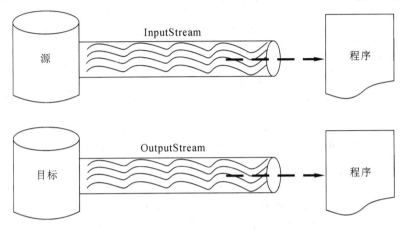

图 7-4　InputStream 和 OutputStream

图 7-4 中，InputStream 被看成一个输入管道，OutputStream 被看成一个输出管道，数据通过 InputStream 从源设备输入到程序，通过 OutputStream 从程序输出到目标设备，从而实现数据的传输。由此可见，I/O 流中的输入、输出都是相对于程序而言的。

在 JDK 中，InputStream 和 OutputStream 提供了一系列与读写数据相关的方法，InputStream 的常用方法如表 7-1 所示。

表 7-1　InputStream 常用方法

方 法 声 明	功 能 描 述
int read()	从输入流读取一个 8 位的字节，把它转换为 0~255 的整数，并返回这一整数。当没有可用字节时，将返回 -1
int read(byte[] b)	从输入流读取一些字节数，并将它们存储到字节数组 b 中，返回的整数表示读取字节的数目
int read(byte[] b,int off, int len)	从输入流读取若干字节，把它们保存到参数 b 指定的字节数组中，off 指定字节数组开始保存数据的起始下标，len 表示读取的字节数目
void close()	关闭此输入流并释放与此流相关联的任何系统资源

表 7-1 中列举了 InputStream 的 4 个常用方法。前 3 个 read()方法都是用来读数据的，分为按字节和字节数组读取。在进行 I/O 流操作时，应该调用 close()方法

关闭流，从而释放当前 I/O 流所占的系统资源。

与 InputStream 对应的是 OutputStream。OutputStream 是用于写数据的，因此，OutputStream 提供了一些与写数据有关的方法，如表 7-2 所示。

表 7-2　OutputStream 常用方法

方　法　声　明	功　能　描　述
void write(int b)	向输出流写入一个字节
void write(byte[] b)	把参数 b 指定的字节数组的所有字节写到输出流
void write(byte[] b,int off,int len)	将指定 byte 数组中从偏移量 off 开始的 len 个字节写入输出流
void flush()	刷新此输出流并强制写出所有缓冲的输出字节
void close()	关闭此输出流并释放与此流相关的所有系统资源

表 7-2 中列举了 OutputStream 的 4 个常用方法。前 3 个 write()方法都是用来写数据的，分为按字节和字节数组写入。flush()方法用来将当前输出流缓冲区(通常是字节数组)中的数据强制写入目标设备，此过程称为刷新。close()方法是用来关闭流并释放与当前 I/O 流相关的系统资源。

InputStream 和 OutputStream 这两个类虽然提供了一系列和读写数据有关的方法，但是这两个类是抽象类，不能被实例化。因此，针对不同的功能，InputStream 和 OutputStream 提供了不同的子类，这些子类形成了一个体系结构，如图 7-5 和图 7-6 所示。

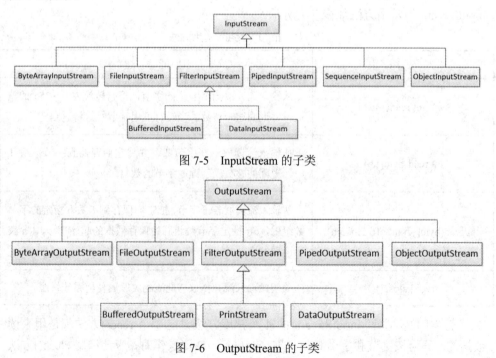

图 7-5　InputStream 的子类

图 7-6　OutputStream 的子类

2. 字节流读写文件

针对文件的读写操作，JDK 专门提供了 FileInputStream 和 FileOutputStream 两个类，它们分别为 InputStream 和 OutputStream 的子类。

1) FileInputStream 类

FileInputStream 类是文件输入流，从文件中读取字节。其构造方法如下：

- FileInputStream(File file)：通过打开与实际文件的连接来创建一个 FileInputStream，该文件由文件系统中的 File 对象 file 命名。
- FileInputStream(String name)：通过打开与实际文件的连接来创建一个 FileInputStream，该文件由文件系统中的路径名 name 命名。

```java
public class FileInputStreamConstructor throws IOException{
    public static void main(String[] args) {
        // 使用 File 对象创建流对象
        File file = new File("a.txt");
        FileInputStream fos = new FileInputStream(file);
        // 使用文件名称创建流对象
        FileInputStream fos = new FileInputStream("b.txt");
    }
}
```

(1) 读取字节：read()方法，每次可以读取一个字节的数据，提升为 int 类型，读取到文件末尾，返回-1。

例 7-1　Example7_1.java。

```java
import java.io.*;
public class Example7_1 {
    public static void main(String[] args) throws IOException {
        File f = new File("D:\\a.txt");
        FileInputStream f1 = new FileInputStream(f); //开始输入流
        int i;
        i = f1.read();
        System.out.println(i);
        i = f1.read();
        System.out.println(i);
        i = f1.read();
        System.out.println(i);
        i = f1.read();
        System.out.println(i);
        i = f1.read();
        System.out.println(i);
        /*while ((i = f1.read()) != -1)
        {
```

```
            System.out.println(i);
        }*/
    }
}
```

注意： ① 虽然读取了一个字节，但是会自动提升为 int 类型。
② 流操作完毕后，必须释放系统资源，调用 close()方法。

(2) 读取字节数组：read(byte[] b)，每次读取 b 的长度个字节到数组中，返回读取到的有效字节个数，读取到末尾时，返回 −1。

例 7-2 Example7_2.java。

```java
import java.io.*;
public class Example7_2 {
    public static void main(String[] args) throws IOException {
        // 使用文件名称创建流对象
        FileInputStream fis = new FileInputStream("D://a.txt");
        // 定义变量，作为有效个数
        int len;
        // 定义字节数组，作为装字节数据的容器
        byte[] b = new byte[2];
        // 循环读取
        while ((len= fis.read(b))!=-1){
            // 每次读取后，把数组的有效字节部分变成字符串打印
            System.out.println(new String(b,0,len)); // len 每次读取的有效字节个数
        }
        // 关闭资源
        fis.close();
    }
}
```

2) FileOutputStream 类

FileOutputStream 类是文件输出流，用于将数据写出到文件。其构造方法如下：

• public FileOutputStream(File file)：创建文件输出流以写入由指定的 File 对象表示的文件。

• public FileOutputStream(String name)：创建文件输出流以指定的名称写入文件。

当创建一个流对象时，必须传入一个文件路径。该路径下，如果没有这个文件，会创建该文件。如果有这个文件，会清空这个文件的数据。

```java
public class FileOutputStreamConstructor throws IOException {
    public static void main(String[] args) {
        // 使用 File 对象创建流对象
        File file = new File("a.txt");
```

```
        FileOutputStream fos = new FileOutputStream(file);
        // 使用文件名称创建流对象
        FileOutputStream fos = new FileOutputStream("b.txt");
    }
}
```

(1) 写出字节：write(int b) 方法，每次可以写出一个字节数据。

例 7-3 Example7_3.java。

```
import java.io.*;
public class Example7_3 {
    public static void main(String[] args) throws IOException {
        // 使用文件名称创建流对象
        FileOutputStream fos = new FileOutputStream("D://a.txt");
        // 写出数据
        fos.write(97);
        fos.write(98);
        fos.write(99);
        // 关闭资源
        fos.close();
    }
}
```

(2) 写出字节数组：write(byte[] b)，每次可以写出数组中的数据。

例 7-4 Example7_4.java。

```
import java.io.*;
public class Example7_4 {
    public static void main(String[] args) throws IOException {
        // 使用文件名称创建流对象
        FileOutputStream fos = new FileOutputStream("D://a.txt");
        // 字符串转换为字节数组
        byte[] b ="你好".getBytes();
        // 写出字节数组数据
        fos.write(b);
        // 关闭资源
        fos.close();
    }
}
```

(3) 写出指定长度字节数组：write(byte[] b，int off，int len)，每次写出从 off 索引开始，len 个字节。

例 7-5   Example7_5.java。

```java
import java.io.*;
public class Example7_5 {
    public static void main(String[] args) throws IOException {
        // 使用文件名称创建流对象
        FileOutputStream fos = new FileOutputStream("D://a.txt");
        // 字符串转换为字节数组
        byte[] b ="abcde".getBytes();
        // 写出字节数组数据
        fos.write(b,2,2);
        // 关闭资源
        fos.close();
    }
}
```

当数据追加续写时，FileOutputStream 类的构造方法如下：

- public FileOutputStream(File file, boolean append)：创建文件输出流以写入由指定的 File 对象表示的文件。
- public FileOutputStream(String name, boolean append)：创建文件输出流以指定的名称写入文件。

这两个构造方法，参数中都需要传入一个 boolean 类型的值，true 表示追加数据，false 表示清空原有数据。

例 7-6   Example7_6.java。

```java
import java.io.*;
public class Example7_6 {
    public static void main(String[] args) throws IOException {
        // 使用文件名称创建流对象
        FileOutputStream fos = new FileOutputStream("D://a.txt",true);
        // 字符串转换为字节数组
        byte[] b ="abcde".getBytes();
        // 写出从索引 2 开始的 2 个字节
        fos.write(b,2,2);
        // 关闭资源
        fos.close();
    }
}
```

3. 图片复制

原理：从已有文件中读取字节，将该字节写出到另一个文件，如图 7-7 所示。

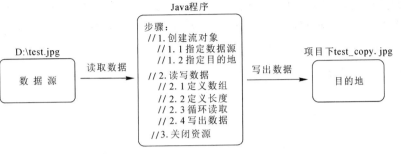

图 7-7 图片复制

例 7-7 Example7_7.java。

```java
import java.io.*;
public class Example7_7 {
    public static void main(String[] args) throws IOException {
        // 1.创建流对象
        // 1.1 指定数据源
        FileInputStream fis = new FileInputStream("D:\\test.jpg");
        // 1.2 指定目的地
        FileOutputStream fos = new FileOutputStream("test_copy.jpg");
        // 2.读写数据
        // 2.1 定义数组
        byte[] b=new byte[1024];
        // 2.2 定义长度
        int len;
        // 2.3 循环读取
        while ((len = fis.read(b))!=-1) {
            // 2.4 写出数据
            fos.write(b,0,len);
        }
        // 关闭资源
        fos.close();
        fis.close();
    }
}
```

7.1.3 字符流

1. 字符流概述

当使用字节流读取文本文件时，会有一个小问题。就是遇到中文字符时，不会显示完整的字符，那是因为一个中文字符可能占用多个字节存储。所以 Java 提供一些字符流类，以字符为单位读写数据，专门用于处理文本文件。

同字节流一样，字符流也有两个抽象的顶级父类，分别是 Reader 和 Writer。Reader 抽象类是用于读取字符流的所有类的超类，可以读取字符信息到内存中。Writer 抽象类是用于写出字符流的所有类的超类，将指定的字符信息写出到目的地。通过继承关系图来列出 Reader 和 Writer 的一些常用类，如图 7-8 和图 7-9 所示。

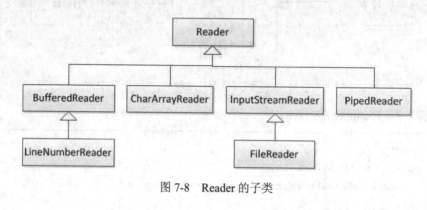

图 7-8　Reader 的子类

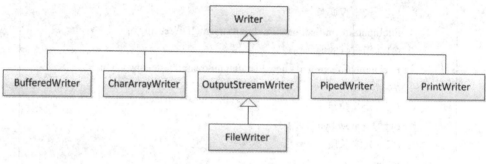

图 7-9　Writer 的子类

2. 字符流操作文件

1) FileRead 类

从文件中直接读取字符可以使用字符输入流 FileReader，通过此流可以从文件中读取一个或一组字符。其构造方法如下：

- FileReader(File file)：创建一个新的 FileReader，给定要读取的 File 对象。
- FileReader(String fileName)：创建一个新的 FileReader，给定要读取的文件名称。

```
public class FileReaderConstructor throws IOException{
    public static void main(String[] args) {
        // 使用 File 对象创建流对象
        File file = new File("a.txt");
        FileReader fr = new FileReader(file);
        // 使用文件名称创建流对象
```

```
        FileReader fr = new FileReader("b.txt");
    }
}
```

（1）读取字符：read()方法，每次可以读取一个字符的数据，提升为 int 类型，读取到文件末尾，返回 –1，循环读取。

例 7-8　Example7_8.java。

```
import java.io.*;
public class Example7_8 {
    public static void main(String[] args) throws Exception {
        // 使用文件名称创建流对象
        FileReader fr = new FileReader("D://a.txt");
        // 定义变量，保存数据
        int b;
        // 循环读取
        while ((b = fr.read())!=-1)
        {
            System.out.println((char)b);
        }
        // 关闭资源
        fr.close();
    }
}
```

（2）读取字符数组：read(char[] cbuf)，每次读取 b 的长度个字符到数组中，返回读取到的有效字符个数，读取到末尾时，返回 –1。

例 7-9　Example7_9.java。

```
import java.io.*;
public class Example7_9 {
    public static void main(String[] args) throws Exception {
        // 使用文件名称创建流对象
        FileReader fr = new FileReader("D://a.txt");
        // 定义变量，保存有效字符个数
        int len;
        // 定义字符数组，作为装字符数据的容器
        char[] cbuf = new char[2];
        // 循环读取
        while ((len = fr.read(cbuf))!=-1){
```

```
            System.out.println(new String(cbuf,0,len));
        }
        // 关闭资源
        fr.close();
    }
}
```

2) FileWriter 类

要向文件中写入字符就需要使用 FileWriter 类，该类是 Writer 的一个子类。其构造方法如下：

· FileWriter(File file)：创建一个新的 FileWriter，给定要读取的 File 对象。

· FileWriter(String fileName)：创建一个新的 FileWriter，给定要读取的文件名称。

```java
public class FileWriterConstructor {
    public static void main(String[] args) throws IOException {
        // 使用 File 对象创建流对象
        File file = new File("a.txt");
        FileWriter fw = new FileWriter(file);
        // 使用文件名称创建流对象
        FileWriter fw = new FileWriter("b.txt");
    }
}
```

(1) 写出字符：write(int b) 方法，每次可以写出一个字符数据。

例 7-10　Example7_10.java。

```java
import java.io.*;
public class Example7_10 {
    public static void main(String[] args) throws Exception {
        // 使用文件名称创建流对象
        FileWriter fw = new FileWriter("D://b.txt");
        // 写出数据
        fw.write(97);        // 写出第 1 个字符
        fw.write("b");       // 写出第 2 个字符
        fw.write("c");       // 写出第 3 个字符
        fw.close();
    }
}
```

(2) 写出字符数组：write(char[] cbuf) 和 write(char[] cbuf, int off, int len)，每次可以写出字符数组中的数据，用法类似 FileOutputStream。

例 7-11　Example7_11.java。

```java
import java.io.*;
public class Example7_11 {
    public static void main(String[] args) throws Exception {
        // 使用文件名称创建流对象
        FileWriter fw = new FileWriter("D://b.txt");
        // 字符串转换为字节数组
        char[] chars = "好好学习，天天向上".toCharArray();
        // 写出字符数组
        // fw.write(chars);
        // 写出从索引2开始的2个字节
        fw.write(chars,2,2);
        // 关闭资源
        fw.close();
    }
}
```

（3）写出字符串：write(String str) 和 write(String str, int off, int len)，每次可以写出字符串中的数据。

例 7-12　Example7_12.java。

```java
import java.io.*;
public class Example7_12 {
    public static void main(String[] args) throws Exception {
        // 使用文件名称创建流对象
        FileWriter fw = new FileWriter("D://b.txt");
        // 字符串转换为字节数组
        String msg = "好好学习，天天向上";
        // 写出字符数组
        fw.write(msg);
        // 写出从索引2开始的2个字节
        // fw.write(msg,2,2);
        // 关闭资源
        fw.close();
    }
}
```

7.1.4　缓冲流

在 FieleInputstream 和 FileOutputStream 的例子中，使用了一个 byte 数组来作为数据读入的缓冲区，以文件存取为例，硬盘存取数据的速度远低于内存数据存取的速度。为了减少对硬盘的存取，通常从文件中一次读入一定长度的数据，而写入时也是一次写入一定长度的数据，这可以增加文件存取的效率。

为了提高读写效率，减少访问硬盘次数，引入缓冲流的概念，缓冲流使用字节或字符缓冲区。输入时，输入流首先成块地把字符或字节读入缓冲区，然后程序再从缓冲区读取单个字符或字节；输出时，首先在缓冲区积累一块字节或字符，然后再整块写到输出数据流中。只有缓冲区满时，才会将数据送到输入/输出流。

1. 缓冲流的概述

缓冲流也叫高效流，是对 4 个基本的 FileXxx 流的增强，所以也是 4 个流。按照数据类型分类，缓冲流可分为以下两种：

(1) 字节缓冲流： BufferedInputStream，BufferedOutputStream。

(2) 字符缓冲流： BufferedReader，BufferedWriter。

2. 字节缓冲流

字节缓冲流的构造方法如下：

· public BufferedInputStream(InputStream in)：创建一个新的缓冲输入流。

· public BufferedOutputStream(OutputStream out)：创建一个新的缓冲输出流。

```
// 创建字节缓冲输入流
BufferedInputStream bis = new BufferedInputStream(new FileInputStream("bis.txt"));
// 创建字节缓冲输出流
BufferedOutputStream bos = new BufferedOutputStream(new FileOutputStream("bos.txt"));
```

缓冲流读写方法与基本流是一致的。

1) 基本流

例 7-13　Example7_13.java。

```java
import java.io.*;
public class Example7_13 {
    public static void main(String[] args) throws Exception {
        // 记录开始时间
        long start = System.currentTimeMillis();
        // 创建流对象
        FileInputStream fis = new FileInputStream("D://jdk-8u201-windows-x64.exe");
        FileOutputStream fos = new FileOutputStream("D://copy.exe");
        // 读写数据
        int b;
        while ((b = fis.read())!=-1)
        {
            fos.write(b);
        }
        // 记录结束时间
```

2) 缓冲流

例 7-14 Example7_14.java。

```java
import java.io.*;
public class Example7_14 {
    public static void main(String[] args) throws Exception {
        // 记录开始时间
        long start = System.currentTimeMillis();
        // 创建流对象
        BufferedInputStream bis = new BufferedInputStream(new FileInputStream
("D://jdk-8u201-windows-x64.exe"));
        BufferedOutputStream bos =new BufferedOutputStream(new FileOutputStream
("D://copy2.exe"));
        // 读写数据
        int b;
        while ((b = bis.read())!=-1)
        {
            bos.write(b);
        }
        // 记录结束时间
        long end = System.currentTimeMillis();
        System.out.println("普通流复制时间"+(end - start)+"毫秒");
    }
}
```

3) 使用数组的方式

例 7-15 Example7_15.java。

```java
import java.io.*;
public class Example7_15 {
    public static void main(String[] args) throws Exception {
        // 记录开始时间
        long start = System.currentTimeMillis();
        // 创建流对象
        BufferedInputStream bis = new BufferedInputStream(new FileInputStream
("D://jdk-8u201-windows-x64.exe"));
        BufferedOutputStream bos =new BufferedOutputStream(new FileOutputStream
("D://copy2.exe"));
        // 读写数据
        int len;
        byte[] bytes = new byte[8*1024];
        while ((len = bis.read(bytes))!=-1)
        {
```

```
        bos.write(bytes,0,len);
    }
    // 记录结束时间
    long end = System.currentTimeMillis();
    System.out.println("普通流复制时间"+(end - start)+"毫秒");
    }
}
```

3. 字符缓冲流

字符缓冲流的构造方法如下：

- public BufferedReader(Reader in)：创建一个新的缓冲输入流。
- public BufferedWriter(Writer out)：创建一个新的缓冲输出流。

```
// 创建字符缓冲输入流
BufferedReader br = new BufferedReader(new FileReader("br.txt"));
// 创建字符缓冲输出流
BufferedWriter bw = new BufferedWriter(new FileWriter("bw.txt"));
```

字符缓冲流的基本方法与普通字符流调用方式一致，它还具备如下特有方法：

- BufferedReader：public String readLine()：读一行文字。
- BufferedWriter：public void newLine()：写一行分隔符，由系统属性定义符号。

例 7-16   Example7_16.java。

```
import java.io.*;
public class Example7_16 {
    public static void main(String[] args) throws Exception {
        // 创建流对象
        BufferedReader br = new BufferedReader(new FileReader("D://a.txt"));
        // 定义字符串，保存读取的一行文字
        String line = null;
        // 循环读取，读取到最后返回 null
        while ((line = br.readLine())!=null)
        {
            System.out.println(line);
            System.out.println("------");
        }
        br.close();
    }
}
```

例 7-17　Example7_17.java。

```java
import java.io.*;
public class Example7_17 {
    public static void main(String[] args) throws Exception {
        // 创建流对象
        BufferedWriter bw = new BufferedWriter(new FileWriter("D://b.txt"));
        // 写出数据
        bw.write("好好学习，");
        // 写出换行
        bw.newLine();
        bw.write("天天向上。");
        bw.newLine();
        bw.close();
    }
}
```

任务实施

根据任务分析可知：

(1) 逐行读取文本信息；

(2) 解析文本信息到集合中；

(3) 遍历集合，按顺序写出文本信息。

```java
import java.util.HashMap;
import java.io.*;

public class TextSort {
    public static void main(String[] args) throws Exception {
        //1.创建一个 HashMap 集合对象,可以:存储每行文本的序号(1,2,3,..); value:
        存储每行的文本
        HashMap<String,String> map = new HashMap<>();
        //2.创建字符缓冲输入流对象，构造方法中绑定字符输入流
        BufferedReader br = new BufferedReader(new FileReader("D:\\in.txt"));
        //3.创建字符缓冲输出流对象，构造方法中绑定字符输出流
        BufferedWriter bw = new BufferedWriter(new FileWriter("D:\\out.txt"));
        //4.使用字符缓冲输入流中的方法 readline，逐行读取文本
        String line;
        while((line = br.readLine())!=null)
        {
```

```
        //5.对读取到的文本进行切割,获取行中的序号和文本内容
        String[] arr = line.split("\\.");
        //6.把切割好的序号和文本的内容存储到 HashMap 集合中(key 序号是有
        序的,会自动排序 1,2,3,4..)
        map.put(arr[0],arr[1]);
    }
    //7.遍历 HashMap 集合，获取每一个键值对
    for(String key : map.keySet()){
        String value = map.get(key);
        //8.把每一个键值对，拼接为一个文本行
        line = key + "." + value;
        //9.把拼接好的文本，使用字符缓冲输出流中的方法 write，写入到文件中
        bw.write(line);
        bw.newLine();    //写换行
    }
    //10.释放资源
    bw.close();
    br.close();
    }
}
```

实践训练

按要求完成如下程序：

(1) 从键盘接收一串字符；

(2) 把接收的字符串写入文件 myfile.txt 中；

(3) 再使用输入/输出流，复制文件 myfile.txt 的内容到另外一个文件 mycopyfile.txt 中。

任务 7.2   文件管理程序设计

任务目标

· 理解 File 类
· 掌握 File 类的主要方法
· 掌握目录的遍历

任务描述

编写文件管理程序，通过选择创建文件、目录，对文件名、目录名进行修改、删除。运行结果如图 7-10 所示。

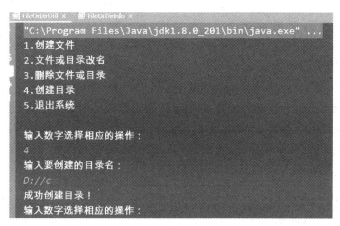

图 7-10 任务 7.2 运行结果

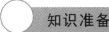

知识准备

7.2.1 File 类概述

File 类是文件和目录路径名的抽象表示，主要用于文件或目录的创建、查找和删除等操作。其构造方法如下：

- public File(String pathname)：通过将给定的路径名字符串转换为抽象路径名来创建新的 File 实例。
- public File(String parent, String child)：从父路径名字符串和子路径名字符串创建新的 File 实例。
- public File(File parent, String child)：从父抽象路径名和子路径名字符串创建新的 File 实例。

构造方法代码如下：

```
// 文件路径名
String pathname = "D:\\aaa.txt";
File file1 = new File(pathname);
// 文件路径名
String pathname2 = "D:\\aaa\\bbb.txt";
File file2 = new File(pathname2);
// 通过父路径和子路径字符串
String parent = "d:\\aaa";
String child = "bbb.txt";
File file3 = new File(parent, child);
// 通过父级 File 对象和子路径字符串
File parentDir = new File("d:\\aaa");
String child = "bbb.txt";
File file4 = new File(parentDir, child);
```

7.2.2 File 类的常用方法

1. 获取功能的方法

- public String getAbsolutePath()：返回此 File 的绝对路径名字符串。
- public String getPath()：将此 File 转换为路径名字符串。
- public String getName()：返回由此 File 表示的文件或目录的名称。
- public long length()：返回由此 File 表示的文件的长度。

例 7-18   Example7_18.java。

```java
import java.io.File;
public class Example7_18 {
    public static void main(String[] args) {
        File f1 = new File("D:/a/b.java");
        System.out.println("文件绝对路径:"+f1.getAbsolutePath());
        System.out.println("文件相对路径:"+f1.getPath());
        System.out.println("文件名称:"+f1.getName());
        System.out.println("文件长度:"+f1.length()+"字节");
        File f2 = new File("D:/a");
        System.out.println("目录绝对路径:"+f2.getAbsolutePath());
        System.out.println("目录相对路径:"+f2.getPath());
        System.out.println("目录名称:"+f2.getName());
        System.out.println("目录长度:"+f2.length());
    }
}
```

- 相对路径：从盘符开始的路径，这是一个完整的路径。
- 相对路径：相对于项目目录的路径，这是一个便捷的路径，开发中经常使用。

2. 判断功能的方法

- public boolean exists()：此 File 表示的文件或目录是否实际存在。
- public boolean isDirectory()：此 File 表示的是否为目录。
- public boolean isFile()：此 File 表示的是否为文件。

例 7-19   Example7_19.java。

```java
import java.io.File;
public class Example7_19 {
    public static void main(String[] args) {
        File f1 = new File("D:\\a\\b.java");
        File f2 = new File("D:\\a");
        // 判断是否存在
        System.out.println("D:\\a\\b.java 是否存在:"+f1.exists());
        System.out.println("d:\\aaa 是否存在:"+f2.exists());
        // 判断是文件还是目录
```

```
        System.out.println("D:\\a 文件?:"+f2.isFile());
        System.out.println("D:\\a 目录?:"+f2.isDirectory());
    }
}
```

3. 创建删除功能的方法

- public boolean createNewFile()：当且仅当具有该名称的文件尚不存在时，创建一个新的空文件。
- public boolean delete()：删除由此 File 表示的文件或目录。
- public boolean mkdir()：创建由此 File 表示的目录。
- public boolean mkdirs()：创建由此 File 表示的目录，包括任何必须但不存在的父目录。

例 7-20　Example7_20.java。

```java
import java.io.File;
public class Example7_20 {
    public static void main(String[] args) throws Exception {
        File f1 = new File("D:\\a");    //1.创建一个路径
        f1.mkdir();
        File f2 = new File("D:\\a\\b");    //2.创建多个路径
        f2.mkdirs();
        File f3 = new File("D:\\a\\b","c.java");    //3.创建.java 文件
        f3.createNewFile();
        // 4.目录的删除
        System.out.println(f2.delete());
        // 5.文件的删除
        System.out.println(f3.delete());
    }
}
```

7.2.3　目录的遍历

- public String[] list()：返回一个 String 数组，表示该 File 目录中的所有子文件或目录。
- public File[] listFiles()：返回一个 File 数组，表示该 File 目录中的所有的子文件或目录。

例 7-21　Example7_21.java。

```java
import java.io.File;
public class Example7_21 {
    public static void main(String[] args) {
        File dir = new File("D:\\a");
        //获取当前目录下的文件以及文件夹的名称
```

```
          String[] names = dir.list();
          for(String name:names) {
               System.out.println(name);
          }
          /*获取当前目录下的文件以及文件夹对象，只要拿到了文件对象，那么就
          可以获取更多信息*/
          File[] files = dir.listFiles();
          for (File file:files) {
               System.out.println(file);
          }
     }
}
```

任务实施

根据任务分析可知：

（1）显示内容如下：

① 创建文件；② 文件或目录改名；③ 删除文件或目录；④ 创建目录；⑤ 退出系统。

（2）定义创建文件的静态方法。

（3）定义修改文件名、目录名的静态方法。

（4）定义删除文件、目录的静态方法。

（5）定义创建目录的静态方法。

```java
import java.io.*;
class FileOrDir {
    public static void main(String args[]) throws IOException{
        BufferedReader in=new BufferedReader(new InputStreamReader(System.in));
        System.out.println("1.创建文件\n"+"2.文件或目录改名\n"+"3.删除文件或目录
\n"+"4.创建目录\n"+"5.退出系统\n");
        while(true){
            System.out.println("输入数字选择相应的操作：");
            int oper=Integer.parseInt(in.readLine());
            switch(oper){
                case 1:createFile(in);break;
                case 2:renameFile(in);break;
                case 4:mkDir(in);break;
                case 5:System.exit(0);
            }
        }
    }
static void createFile(BufferedReader in) throws IOException{
```

```java
        System.out.println("输入要创建的文件名：");
        File fileNew=new File(in.readLine()); //创建要创建的新文件对象
        if(fileNew.createNewFile()){ //创建新文件
            System.out.println("成功创建文件！");
        }
        else{
            System.out.println("创建文件失败！");
        }
    }
    static void renameFile(BufferedReader in) throws IOException{
        System.out.println("输入源文件或源目录名：");
        File fileOld=new File(in.readLine()); //创建源文件或源目录对象
        System.out.println("输入目标文件或目录名：");
        File fileNew=new File(in.readLine()); //创建新的文件或目录对象
        if(fileOld.renameTo(fileNew)){ //文件或目录改名
            System.out.println("改名成功！");
        }
        else{
            System.out.println("改名不成功！");
        }
    }
    static void deleteFile(BufferedReader in) throws IOException{
        System.out.println("输入要删除的文件或目录");
        File file=new File(in.readLine()); //创建要删除的文件或目录对象
        if(file.delete()){ //删除文件或目录
            System.out.println("删除成功！");
        }
        else{
            System.out.println("删除不成功！");
        }
    }
    static void mkDir(BufferedReader in) throws IOException{
        System.out.println("输入要创建的目录名：");
        File dir=new File(in.readLine()); //创建要建立的目录对象
        if(dir.mkdirs()){ //创建目录(可创建多级目录）
            System.out.println("成功创建目录！");
        }
        else{
            System.out.println("创建目录不成功！");
        }
    }
}
```

实践训练

在 D 盘下创建一个文件夹 test，并在该文件夹下创建一个文件 "example.txt"，获取该文件的绝对路径、上一级目录以及最后修改时间和文件大小。

小　结

本模块主要介绍了 Java 输入/输出体系的相关知识，包括输入/输出流、字节流、字符流、缓冲流、File 类及其常用方法、目录的遍历等。通过对本模块的学习，读者可以熟练掌握如何使用 I/O 流对文件进行读写操作等相关知识。

课 后 习 题

一、填空题

1. Java 中的 I/O 流，按照传输数据不同，可分为＿＿＿＿＿和＿＿＿＿＿。

2. FileInputStream 是＿＿＿＿＿的子类，是从文件中读取字节数据到程序中。从文件中读取字节数据，除了创建文件对象之外，还要创建文件字节输入流。

3. 缓冲输入/输出流有 BufferedInputStream、＿＿＿＿＿、＿＿＿＿＿和 BufferedWriter，它们要全部嵌套在相应的输入/输出流上，为其他流提高缓冲功能。

4. 字符流也有两个抽象的顶级父类，分别是 Reader 和＿＿＿＿＿。

5. File 类的 API 中，用于删除 File 对象对应的文件或目录的方法是＿＿＿＿＿。

二、判断题

1. InputStream 和 Reader 是输入流，而 OutPutStream 和 Writer 是输出流。(　　)

2. BufferedInputStream 和 BufferdOutputStream 都是带缓冲区的字节流。(　　)

3. File 类可以用于封装一个绝对路径或相对路径。(　　)

4. FileOutputStream 是操作文件的字节输出流，专门用于把数据写入文件。(　　)

5. 文件的拷贝是指读取一个文件中的数据并将这些数据写入到另一个文件中。(　　)

三、选择题

1. 以下关于 File 类的 isDirectory ()方法的描述，正确的是(　　)。

A. 判断该 File 对象所对应的是否为文件

B. 判断该 File 对象所对应的是否为目录

C. 返回文件的最后修改时间

D. 在当前目录下生成指定的目录

2. 下列选项中，(　　)类是用来读取文本的字符流。

A. FileReader　　　　　　B. FileWriter

C. FileInputStream　　　　D. FileOutputStream

3. File 类中以字符串形式返回文件绝对路径的方法是(　　　)。

A. getName()　　　　　　B. getParent()

C. getPath()　　　　　　D. getAbsolutePath()

4. 假设在 E 盘下的 cn 文件夹中有文件 abc.txt，则下列代码的运行结果为(　　　)。

```
class Example {
    public static void main(String[] args) {
        File file = new File("E:\\cn"); // 这是一个代表目录的 File 对象
        if (file.exists()) {
            System.out.println(file.delete());
        }
    }
}
```

A. false 文件夹删除不成功，abc.txt 删除不成功

B. false 文件夹删除不成功，abc.txt 删除成功

C. true 文件夹删除成功

D. true 文件夹删除不成功，abc.txt 删除成功

5. FileWriter 类的 write(int c)方法的作用是(　　　)。

A. 写出单个字符　　　　　B. 写入多个

C. 写入一个整形数据　　　D. 写入单个字符

6. 下列关于 I/O 流的说法中，错误的是(　　　)。

A. InputStream 读文件时操作的都是字节

B. Reader 是字符输入流

C. FileReader 和 FileWriter 用于读写文件的字节流

D. BufferedReader 和 BufferedWriter 是具有缓冲功能的字符流

7. 下列选项中，使用了缓冲区技术的流是(　　　)。

A. DataInputStream　　　　B. FileOutputStream

C. BufferedInputStream　　D. FileReader

8. 下列选项中，(　　　)是 File 类 delete()方法返回值的类型。

A. boolean　　　B. int　　　C. void　　　　D. Integer

四、简答题

1. 简述 I/O 流的概念。

2. 简述字节流和字符流的区别。

模块八
多 线 程

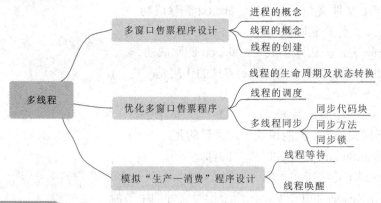

多线程
- 多窗口售票程序设计
  - 进程的概念
  - 线程的概念
  - 线程的创建
- 优化多窗口售票程序
  - 线程的生命周期及状态转换
  - 线程的调度
  - 多线程同步
    - 同步代码块
    - 同步方法
    - 同步锁
- 模拟"生产—消费"程序设计
  - 线程等待
  - 线程唤醒

教学大纲

能力目标
◎ 会使用多种方式创建线程
◎ 会使用线程同步优化程序
◎ 会使用多线程通信完成要求功能

知识目标
◎ 了解线程的概念
◎ 掌握线程创建的方式
◎ 理解线程的生命周期及状态转换
◎ 掌握线程的调度
◎ 掌握线程同步
◎ 掌握线程通信

学习重点
◎ 线程的创建

◎ 线程的同步

学习难点

◎ 线程通信

任务 8.1 多窗口售票程序设计

任务目标

· 了解线程的概念
· 掌握线程创建的方式

任务描述

要求程序实现开启多个窗口售票，运行结果如图 8-1 所示。

图 8-1 任务 8.1 运行结果

知识准备

8.1.1 线程概述

前面所有的案例程序都是从 main()方法入口开始执行到程序结束，整个过程只能顺序执行，如果程序在某个地方出现问题，程序就会崩溃。这种程序因为是单线程的，比较脆弱和局限，如果用来实现售票程序，则相当于只能开启一个售票窗口进行售票。如果我们需要开启多个窗口售票，则需要使用多线程技术。

在程序设计中，多线程就是指一个应用程序中有多条并发执行的线程，它们交替执行，且彼此间可以通信。

1. 进程的概念

在学习线程之前，先了解什么是进程。在操作系统中，每个独立执行的程序都可称之为一个进程。如同时运行微信、QQ、音乐播放软件等，就是启动了多个进程。

在多任务操作系统中，我们可以一边听音乐，一边处理邮件，但实际上这些进程并不是在同一时刻运行的。因为同一时刻 CPU 只能运行一个进程，是操作系统为每一个进程分配一段有限的 CPU 使用时间片段，每个 CPU 时间片段执行一个进程，由于 CPU 速度很快，可以在极短的时间内实现不同进程间的切换，给人们的感觉就是多个程序同时运行。

2. 线程的概念

在多任务操作系统中，在一个进程中可以有多个执行单元同时运行，来完成程序任务，这些并行执行的单元就是线程。每个进程至少存在一个线程，但 Java 程序启动时，就会产生一个进程，进程中会默认创建一个线程，在这个线程中会运行 main()方法中的代码。

如果希望程序中实现多段程序代码交替运行，则需要创建多个线程，即多线程程序。多线程程序在运行时，每个线程之间都是独立的，可以并发执行，可以互相通信。表面上看多线程是并发执行的，实际上它们和进程一样，也是轮流使用 CPU 时间片段执行的，只是因为 CPU 速度很快，且每个时间片段极短，给人们的感觉是多线程并行执行。

8.1.2 线程的创建

在 Java 语言中，可以使用 3 种方式来创建线程：第 1 种是继承 Thread 类，第 2 种是实现 Runnable 接口，第 3 种是实现 Callable 接口。

1. Thread 类实现多线程

在 java.lang 包下有一个线程类 Thread，可以通过继承 Thread 类来实现多线程。

首先需要创建一个自定义的子线程类，继承自 Thread 类，同时需要重写 Thread 类的 run()方法；然后创建子线程类的实例对象，并调用类的 start()方法启动子线程。

下面通过一个实例来看如何通过继承 Thread 类实现多线程。

例 8-1 Example8_1.java。

```java
//自定义一个子线程类，继承自 Thread 类
class MyThread extends Thread {
    //构造方法，初始化子线程名
    public MyThread(String name) {
        super(name);
    }
    //重写 run()方法，方法内是子线程要执行的语句
    public void run() {
        for (int i = 0; i < 5; i++) {
            System.out.println(Thread.currentThread().getName()+":子线程在运行");
        }
    }
}
public class Example8_1{
```

```java
public static void main(String[] args) {
    //创建子线程类 MyThread 的实例对象
    MyThread mythread1 = new MyThread("myThread1");
    mythread1.start();//启动线程
    for(int i=0; i<5; i++){//循环打印一句话
        System.out.println(Thread.currentThread().getName()+":main 在运行");
    }
    //创建子线程类 MyThread 的实例对象
    MyThread mythread2 = new MyThread("myThread2");
    mythread2.start();//启动线程
    }
}
```

运行结果如图 8-2 所示。

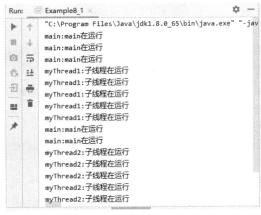

图 8-2　例 8-1 运行结果

例 8-1 中定义了一个继承自 Thread 类的子线程类 MyThread，添加了一个带参数的构造方法，用于构造线程对象时初始化线程名；重写了 run()方法，在方法内循环打印一句话。Thread.currentThread().getName()用于获取当前执行的线程的名称。在 main()方法中，创建了两个子线程实例 myThread1 和 myThread2，并调用 start()方法启动子线程。从运行结果可以看出，执行的时候不是按照编程顺序执行的，而是有交叉的，可以看出实现了多线程功能。

2. Runnable 接口实现多线程

由于 Java 只支持类的单继承，一旦某个类已经继承了其他父类，则无法再继承 Thread 类来实现多线程。这种情况下，就可以通过实现 Runnable 接口来实现多线程。具体步骤如下：

(1) 创建 Runnable 接口的实现类，实现接口的 run()方法；

(2) 创建 Runnable 接口的实现类对象；

(3) 创建线程实例；

(4) 调用 start()方法启动线程。

下面通过一个实例来看如何通过实现 Runnable 接口来实现多线程。

例 8-2　Example8_2.java。

```java
//定义 Runnable 接口的实现类
class MyRunnable implements Runnable{
    //实现接口的 run()方法
    @Override
    public void run() {
        for (int i = 0; i < 5; i++) {
            System.out.println(Thread.currentThread().getName()+":子线程在运行");
        }
    }
}
public class Example8_2 {
    public static void main(String[] args) {
        /*创建 Runnable 接口实现类的实例对象
        MyRunnable myRunnable = new    MyRunnable();
        //使用类 Thread 的构造方法 Thread(Runnable target,String name)创建子线程
        对象*/
        Thread myThread1=new Thread(myRunnable,"myThread1");
        myThread1.start();   //启动线程
        for(int i=0; i<5; i++){   //循环打印一句话
            System.out.println(Thread.currentThread().getName()+":main 在运行");
        }
        //创建第二个子线程对象
        Thread myThread2=new Thread(myRunnable,"myThread2");
        myThread2.start();   //启动线程
    }
}
```

运行结果如图 8-3 所示。

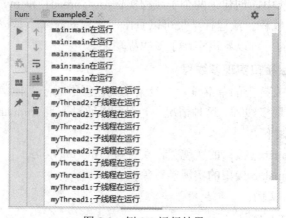

图 8-3　例 8-2 运行结果

例 8-2 中创建了 Runnable 接口的实现类 MyRunnable，实现了接口的 run()方法，在方法内循环打印一句话，Thread.currentThread().getName()用于获取当前执行的线程的名称。在类 Example8_2 的 main()方法中，使用类 Thread 的构造方法 Thread(Runnable target,String name)创建了两个子线程实例对象 myThread1 和 myThread2，并调用 start()方法启动子线程。从运行结果可以看出，执行的时候不是按照编程顺序执行的，而是有交叉的，可以看出同样实现了多线程功能。

3. Callable 接口实现多线程

通过实现 Runnable 接口来实现多线程时，由于 run()方法没有返回值，因此无法从子线程获得返回结果。从 JDK5 开始，Java 提供了 Callable 接口用来实现多线程，该实现可以满足从子线程获取返回值的需求。

使用 Callable 接口实现多线程需要用到类 FutrueTask，使用类 FutrueTask 先封装 Callable 接口实现类对象得到 FutrueTask 类对象；构造线程对象的时候传递的是 FutrueTask 类对象而不再是接口的实现类对象。

具体步骤如下：

(1) 创建 Callable 接口的实现类，实现接口的 call()方法；

(2) 创建 Callable 接口的实现类对象；

(3) 使用类 FutrueTask 先封装 Callable 接口实现类对象得到 FutrueTask 类对象；

(4) 使用 Tread 类创建线程实例，传递参数为 FutrueTask 类对象；

(5) 调用 start()方法启动线程。

下面通过一个实例来看如何通过实现 Callable 接口来实现多线程。

例 8-3　Example8_3.java。

```java
//定义 Callable 接口的实现类
class MyCallable implements Callable{
    //实现接口的 call()方法
    @Override
    public Object call() throws Exception {
        int i=0;
        for (; i < 3; i++) {
            System.out.println(Thread.currentThread().getName()+":
                            子线程 call()方法在运行");
        }
        return i;
    }
}

public class Example8_3 {
    public static void main(String[] args) throws ExecutionException, InterruptedException{
        //创建 Callable 接口实现类的实例对象
        MyCallable myCallable = new    MyCallable();
        //使用 FutrueTask 类封装 Callable 接口实现类的实例对象
```

```
FutrueTask<Object> futrueTask1=new FutrueTask<>(myCallable);
/*使用类 Thread 的构造方法 Thread(Runnable target,String name)创建子线程
对象*/
Thread myThread1=new Thread(futrueTask1,"myThread1");
myThread1.start();   //启动线程
for(int i=0; i<3; i++){   //循环打印一句话
    System.out.println(Thread.currentThread().getName()+":main 在运行");
}
//创建第二个子线程对象
FutrueTask<Object> futrueTask2=new FutrueTask<>(myCallable);
Thread myThread2=new Thread(futrueTask2,"myThread2");
myThread2.start();//启动线程
//打印子线程对象的返回值
System.out.println("myThread1 的返回结果："+futrueTask1.get());
System.out.println("myThread2 的返回结果："+futrueTask2.get());
    }
}
```

运行结果如图 8-4 所示。

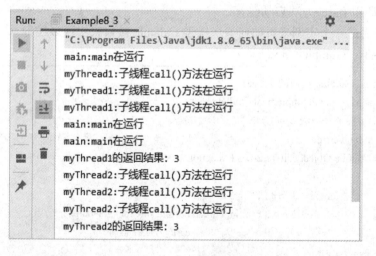

图 8-4　例 8-3 运行结果

例 8-3 中创建了 Callable 接口的实现类 MyCallable，实现了接口的 call()方法，在方法内循环打印一句话，Thread.currentThread().getName()用于获取当前执行的线程的名称。在类 Example8_3 的 main()方法中，使用 FutrueTask 类的构造方法 FutrueTask()先封装 Callable 接口实现类对象得到 FutrueTask 类对象 futrueTask1 和 futrueTask2，再使用类 Thread 的构造方法 Thread(Runnable target,String name)创建了两个子线程实例对象 myThread1 和 myThread2，并调用 start()方法启动子线程。从运行结果可以看出，执行的时候不是按照编程顺序执

行的，而是有交叉的，而且每次运行的显示结果顺序都有可能不同，可以看出同样实现了多线程功能。

注意：类 FutrueTask 是接口 RunnableFutrue 的实现类，接口 RunnableFutrue 继承自接口 Runnable 和 Futrue，是两者的结合体。

任务实施

根据任务运行结果图分析可知，售票厅有 3 个窗口可发售某日某次车的 50 张车票，这 50 张车票可以看作共享资源，3 个售票窗口相当于 3 个线程。由于没有要求售票子线程返回结果，故可以使用前面学习的 Thread 类来实现多窗口售票程序，也可以使用 Runnable 接口来实现多窗口售票程序。

实现方法 1：Auto_Ticketing.java。

```java
//自定义一个子线程类，继承自 Thread 类
class TicketWindow extends Thread{
    private int tickets=50;
    //构造方法，初始化子线程名
    public TicketWindow(String name) {
        super(name);
    }
    @Override
    public void run() {//重写方法 run()
        while(tickets>0){
            System.out.println(Thread.currentThread().getName()+"
                            正在销售第"+tickets--+"张票");
        }
    }
}
public class Auto_Ticketing {
    public static void main(String[] args) {
        //创建子线程类 TicketWindow 的实例对象 1
        TicketWindow ticketWindow1 = new TicketWindow("售票窗口 1");
        ticketWindow1.start();   //启动线程
        //创建子线程类 TicketWindow 的实例对象 2
        TicketWindow ticketWindow2 = new TicketWindow("售票窗口 2");
        ticketWindow2.start();   //启动线程
        //创建子线程类 TicketWindow 的实例对象 3
        TicketWindow ticketWindow3 = new TicketWindow("售票窗口 3");
        ticketWindow3.start();   //启动线程
    }
}
```

运行结果如图 8-5 所示。

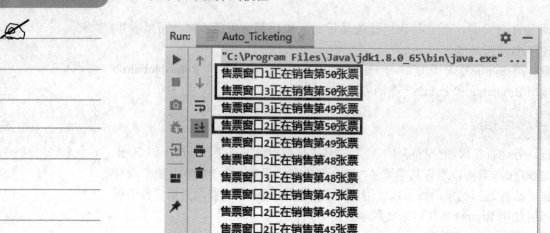

图 8-5　使用 Tread 类实现售票程序运行结果

从图 8-5 的运行结果可以看到，每张票被每个窗口都销售了 1 次，也就是 3 个线程各自销售了 50 张票。这里在程序中创建了 3 个 TicketWindow 的实例对象，也就是创建了 3 个售票子线程，这里在子线程类中有一个成员变量 tickets 用于保存票的数量，每个线程在执行任务时是独立的使用各自的票源，而不是处理共享的票源，所以会出现上述结果。

在实际生活中，不同的售票窗口处理的是共同的票源，为了确保每个线程使用的是共同的票源，可以通过实现 Runnable 接口的方式来实现多线程共享票源。

实现方法 2：Auto_Ticketing2.java。

```java
//自定义一个子线程类，继承自 Thread 类
class TicketWindow_Runable implements Runnable{
    private int tickets=50;
    //实现接口方法 run()
    public void run() {
        while(tickets>0){
            System.out.println(Thread.currentThread().getName()+"正在销售第"+
                        tickets--+"张票");
        }
    }
}


public class Auto_Ticketing2 {
    public static void main(String[] args) {
        //创建子线程类 TicketWindow_Runable 的实例对象
        TicketWindow_Runable ticketWindow = new TicketWindow_Runable();
        //创建 3 个子线程用于售票
        new Thread(ticketWindow,"售票窗口 1").start();
        new Thread(ticketWindow,"售票窗口 2").start();
```

```
        new Thread(ticketWindow,"售票窗口 3").start();
    }
}
```

运行结果如图 8-6 所示。

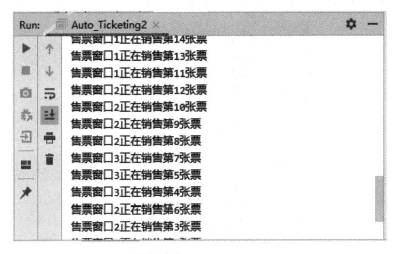

图 8-6　使用 Runnable 接口实现售票程序运行结果

上述运行结果可以看到，3 个售票窗口合计售出 50 张票，完成了任务要求的
功能。程序中只创建了一个 Runnable 接口实现类对象 ticketWindow，然后封装该
对象创建了 3 个线程对象，每个线程对象调用的都是同一个 ticketWindow 对象中
的 run()方法，这样线程使用的 tickets 变量也是同一个，就实现了共享票源。

通过以上两种不同的实现售票程序的方式，可以看到通过实现 Runnable 接口
方式相对于继承 Thread 类方式实现多线程来说有一定的优势：

(1) 接口方式可以避免类的单继承带来的局限性；

(2) 接口方式更适合多个子线程处理共享资源的情况。

实践训练

编写程序，实现 3 个同学分吃 10 块蛋糕的应用。显示分吃过程，如"同学 A
分吃了蛋糕 10""同学 B 分吃了蛋糕 9"等。

任务 8.2　优化多窗口售票程序

任务目标

- 了解线程的生命周期及状态转换
- 掌握线程的调度
- 掌握线程同步

在实际多窗口售票过程中，每个窗口售票都需要耗费一定的时间，所以每个售票窗口的线程是有延迟的。任务需要模拟线程的延迟，并确保在线程有延迟的情况下，售票可以正常进行，所售总票数修改为 20 张，运行结果如图 8-7 所示。

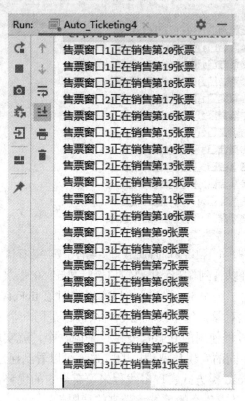

图 8-7　任务 8.2 运行结果

知识准备

8.2.1　线程的生命周期及状态转换

对于一个线程来说，当 Thread 对象创建完成时，线程的生命周期就开始了，当线程任务中代码正常执行完毕或抛出未捕获的异常或错误时，线程的生命周期就结束了。

Java 线程的生命周期中包含 6 种状态，这 6 种状态存放在 Thread 类的内部类 State 中，线程状态之间的转换如图 8-8 所示。下面对线程的 6 种状态做详细讲解。

1. 新建状态(NEW)

当程序使用 NEW 关键字创建了一个线程对象后，该线程就处于新建状态，此时 JVM 会为其分配内存，并初始化对象的成员变量。

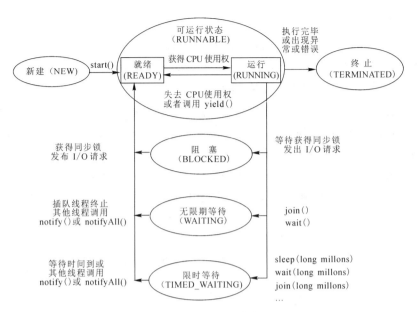

图 8-8 线程状态转换图

2. 可运行状态(RUNNABLE)

当线程对象调用了 start()方法后，该线程就进入可运行状态。Java 虚拟机会为其创建方法调用栈和程序计数器，等待调度运行。可运行状态又细分为两种状态：就绪状态(READY)和运行状态(RUNNING)，线程根据能否获得 CPU 执行时间在就绪和运行两种状态间转换。

- 就绪状态：线程对象调用了 start()方法后，该线程并没有立刻运行，要等待 JVM(Java 虚拟机)的调度，此时就是就绪状态，相当于"等待执行"。
- 运行状态：当线程对象获得 JVM 调度，也就是获得 CPU 使用权后即转换为运行状态，开始执行 run()方法或 call()方法的线程执行体。如果计算机只有一个 CPU，那么在任何时刻只有一个线程处于运行状态。当然在一个多处理器的机器上，将会有多个线程并行执行；当线程数大于处理器数时，依然会存在多个线程在同一个 CPU 上轮换的现象。

3. 阻塞状态(BLOCKED)

当处于运行状态的线程失去所占资源后，便停止运行进入阻塞状态。阻塞状态的线程只有先进入就绪状态，才能有机会转换进入运行状态。线程进入阻塞状态通常是由两种原因产生的：

- 线程运行过程中，获取同步锁失败；
- 线程运行过程中，发出 I/O 请求时。

4. 无限期等待状态(WAITING)

处于这种状态的线程不会被分配 CPU 执行时间，它们要等待被其他线程显式地唤醒。例如：调用 wait()方法处于等待状态的线程，需要等待其他线程调用 notify()或 notifyAll()方法才能唤醒当前等待中的线程；调用 join()方法处于等待状态的线程，需要等待其他加入的线程终止等待状态。以下方法会让线程进入无限期等待状态：

- 没有设置 Timeout 参数的 Object.wait()方法；
- 没有设置 Timeout 参数的 Object.join()方法。

5. 限时等待状态(TIMED_WAITING)

处于这种状态的线程也不会被分配 CPU 执行时间，不过无需等待其他线程显式地唤醒，在一定时间之后它们会由系统自动唤醒并进入可运行状态的就绪状态。以下方法会让线程进入限时等待状态：

- 设置了 Timeout 参数的 Object.wait(long millons)方法；
- 设置了 Timeout 参数的 Object.sleep(long millons)方法；
- 设置了 Timeout 参数的 Object.join(long millons)方法。

6. 终止状态(TERMINATED)

线程执行完或者因异常退出 run()方法或 call()方法，该线程就进入终止状态，生命周期结束。

8.2.2 线程的调度

程序中的多个线程看起来是并发执行的，但实际上并非在同一时刻执行。线程要执行，必须先获得 CPU 使用权，Java 虚拟机会按照特定的机制为程序中的线程分配 CPU 使用权，这种机制称为线程的调度。

线程调度有两种模型：分时调度模型和抢占式调度模型。所谓分时模型就是让所有的线程轮流获得 CPU 的使用权，并且平均分配每个线程占用的 CPU 时间片。抢占式调度模型就是让可运行池中所有就绪状态的线程争抢 CPU 的使用权，而高优先级的线程获取 CPU 使用权的概率大于低优先级的线程。

Java 虚拟机默认采用抢占式线程调度模型，大多数情况下编程者不需要关注，但在某些特殊需求的情况下，可以根据需要改变这种模式，由程序自己来控制 CPU 的调度。下面围绕线程调度进行详细的讲解。

1. 线程的优先级

每个线程都有优先级，优先级的高低和线程获得执行机会的次数多少有关，并非线程优先级越高的就一定先执行，哪个线程能先运行取决于 CPU 的调度。在编写程序时，如果要对线程进行调度，最直接的方式是设置线程的优先级。优先级高的线程获得 CPU 使用权的机会大于优先级低的线程。在 Java 中设置线程的优先级可使用 Thread 类的方法 setPriority(int newPriority)，线程的优先级可以设置为 1~10 之间的整数，数字越大代表优先级越高；除了使用数字，Thread 类还提供了 3 个优先级静态常量表示线程的优先级：

(1) MAX_PRIORITY=10(最高优先级)；

(2) MIN_PRIORITY=1(最低优先级)；

(3) NORM_PRIORITY=5(默认优先级)。

如果没有设置线程的优先级，则线程具有默认优先级，主线程默认优先级为 5，如果 A 线程创建了 B 线程，那么 B 线程和 A 线程具有相同的优先级。

下面通过一个实例来查看不同优先级的线程执行情况。

例 8-4　Example8_4.java。

```java
public class Example8_4 {
    public static void main(String[] args) {
        //分别创建两个线程对象，用于循环输出语句
        Thread thread1=new Thread(new Runnable() {
            @Override
            public void run() {
                for (int i = 0; i < 5; i++) {
                    System.out.println(Thread.currentThread().getName() + ":abcd");
                }
            }
        },"低优先级的线程");
        Thread thread2=new Thread(new Runnable() {
            @Override
            public void run() {
                for (int i = 0; i < 5; i++) {
                    System.out.println(Thread.currentThread().getName() + ":1234");
                }
            }
        },"高优先级的线程");
        thread1.setPriority(Thread.MIN_PRIORITY);    //设置线程优先级为最低级别
        thread2.setPriority(Thread.MAX_PRIORITY);    //设置线程优先级为最高级别
        //分别开启两个线程
        thread1.start();
        thread2.start();
    }
}
```

运行结果如图 8-9 所示。

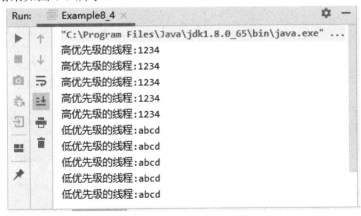

图 8-9　例 8-4 运行结果

例 8-4 中创建了两个线程对象 thread1 和 thread2，设置 thread1 的优先级为最低级别 Thread.MIN_PRIORITY，设置 thread2 的优先级为最高级别 Thread.MAX_PRIORITY。然后分别启动两个线程，可发现高优先级的线程会有更多机会优先执行。

注意： 线程的优先级需要操作系统的支持，不同的操作系统支持的线程优先级是不同的，不一定能和 Java 中支持的线程优先级对应。建议使用前面讲述的 3 个常量优先级。另外，设计多线程应用时，不能只依赖于线程优先级来实现所需功能。

2. 线程的休眠

如果在线程执行过程中，要暂停正在执行的线程，让出 CPU 使用权，可以使用方法 static void sleep(long millons)来设置让当前正在执行的线程暂停一段时间，并进入休眠等待状态，这样其他线程可以得到执行的机会。sleep()方法会声明抛出 Interrupted-Exception 异常，故在调用该方法时应捕获处理该异常或者是声明抛出该异常。

下面通过一个实例来查看 sleep()方法的使用情况。

例 8-5   Example8_5.java。

```java
public class Example8_5 {
    public static void main(String[] args) {
        //分别创建两个线程对象，用于循环输出语句
        Thread thread1=new Thread(new Runnable() {
            @Override
            public void run() {
                for (int i = 0; i < 5; i++) {
                    System.out.println(Thread.currentThread().getName() + ":abcd"+i);
                    if(i==1){
                        try {
                        //线程在执行过程睡眠 500 ms，则线程进入限时等待状态
                            Thread.sleep(500);
                        } catch (InterruptedException e) {
                            e.printStackTrace();
                        }
                    }
                }
            }
        },"线程 1");
        Thread thread2=new Thread(new Runnable() {
            @Override
            public void run() {
                for (int i = 0; i < 5; i++) {
                    System.out.println(Thread.currentThread().getName() + ":1234");
                }
            }
        },"线程 2");
```

```
        //分别开启两个线程
        thread1.start();
        thread2.start();
    }
}
```

运行结果如图 8-10 所示。

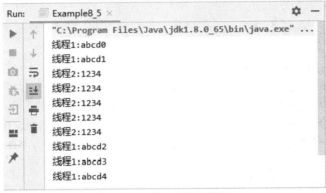

图 8-10　例 8-5 运行结果

例 8-5 中创建了两个线程对象 thread1 和 thread2，设置 thread1 在执行循环打印语句过程中当循环变量 i==1 时，线程暂停 500 ms 进入休眠状态； thread2 只是循环打印语句。然后分别启动两个线程，可发现当线程 thread1 先打印两行，当 i 的值变为 1 时，线程 thread1 暂停，线程 thread2 获得执行机会进行打印信息，当线程 thread1 休眠时间结束后，会再次获得 CPU 使用权打印后续的信息。

注意：当某线程调用 sleep()方法后，该线程放弃 CPU 使用权，在指定的时间段内，该线程不会获得执行机会。只有当休眠时间结束后，线程才会转换到就绪状态，等待再次获得 CPU 使用权执行。休眠状态下的线程不会释放同步锁/同步监听器。

3. 线程让步

线程让步是通过调用方法 yield()来实现，它能让当前线程由"运行状态"进入到"就绪状态"，从而让其他具有相同优先级的等待线程获取执行权；但是，并不能保证在当前线程调用 yield()之后，其他具有相同优先级的线程就一定能获得执行权；也有可能是当前线程又进入到"运行状态"继续运行。

下面通过一个实例来查看 yield ()方法的使用情况。

例 8-6　Example8_6.java。

```
//自定义一个线程类，继承自 Thread 类
class MyYieldThread extends Thread {
    //构造方法，初始化线程名
    public MyYieldThread(String name) {
        super(name);
    }
    //重写 run()方法，方法内是线程要执行的语句
```

```
        public void run() {
        for (int i = 0; i < 5; i++) {
            System.out.println(Thread.currentThread().getName()+":aaaa-"+i);
            if(i==1){
                System.out.println("线程让步：");
                Thread.yield();    //线程暂行执行，做出让步
            }
        }
    }
}
public class Example8_6 {
    public static void main(String[] args) {
        //分别创建两个线程对象，用于循环输出语句
        MyYieldThread myYieldThread1=new MyYieldThread("myYieldThread1");
        MyYieldThread myYieldThread2=new MyYieldThread("myYieldThread2");
        //分别开启两个线程
        myYieldThread1.start();
        myYieldThread2.start();
    }
}
```

运行结果如图 8-11 所示。

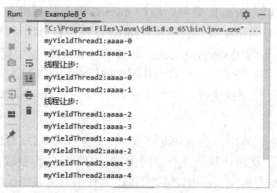

图 8-11   例 8-6 运行结果

例 8-6 中自定义了一个线程类 MyYieldThread，在线程的 run()方法中执行循环打印信息语句，当循环变量 i==1 时，打印"线程让步："，并调用 yield()方法，让线程暂停执行，做出让步。在主程序 main()中创建了两个线程对象 myYieldThread1 和 myYieldThread2，分别启动两个线程。根据上述运行结果可以看到，线程对象 myYieldThread1 执行过程中，当循环变量 i==1 时，线程做出了让步；线程对象 myYieldThread2 获得执行权，当执行到循环变量 i==1 时，同样做出了让步；线程对象 myYieldThread1 获得执行权继续执行，之后 myYieldThread2 也获得执行权执行完毕。

4. 线程插队

线程的插队是通过调用 join()方法来实现。当在某个线程中调用其他线程的

join()方法，则调用的线程被阻塞，直到被 join 方法加入的线程执行完成后才会继续执行。

下面通过一个实例来查看 join ()方法的使用情况。

例 8-7　Example8_7.java。

```java
//自定义一个线程类，继承自 Thread 类
class MyJoinThread extends Thread {
    //构造方法，初始化线程名
    public MyJoinThread(String name) {
        super(name);
    }
    //重写 run()方法，方法内是线程要执行的语句
    public void run() {
        for (int i = 0; i < 5; i++) {
            System.out.println(Thread.currentThread().getName()+":aaaa-"+i);
        }
    }
}
public class Example8_7 {
    public static void main(String[] args) throws InterruptedException {
        //分别创建两个线程对象，用于循环输出语句
        MyJoinThread myJoinThread1=new MyJoinThread("myJoinThread1");
        myJoinThread1.start();
        for (int i = 0; i < 5; i++) {
            System.out.println(Thread.currentThread().getName()+":bbbb-"+i);
            if(i==1){
                myJoinThread1.join();    //线程插队
            }
        }
    }
}
```

运行结果如图 8-12 所示。

图 8-12　例 8-7 运行结果

例 8-7 中自定义了一个线程类 MyJoinThread。在 main()方法中创建了一个线

程对象 myJoinThread1 并启动。这样 main 线程和 myJoinThread1 两个线程会抢夺 CPU 使用权，在 main 线程中当执行到循环变量 i==1 时，调用 myJoinThread1 线程的 join()方法。从运行结果可以看到，当调用了 myJoinThread1 线程的 join()方法，该线程就会插队执行，直到执行完毕才会继续执行 main 线程。

8.2.3 多线程同步

多线程并发执行可以提高程序的效率，但是当多个线程访问同一共享资源时，也会引发安全问题。

1. 线程安全

在实际售票的时候，每个售票窗口在出售票的时候都是有一定耗时的，则在耗时过程中可能会导致同一张票被多个窗口销售，也可能会出现多销售票的情况。

下面通过修改前面任务 8.1 的程序 Auto_Ticketing2 模拟售票有耗时的情况，从而查看线程安全问题。

例 8-8 Auto_Ticketing3.java。

```java
//自定义一个子线程类，继承自 Thread 类
class TicketWindow3_Runable implements Runnable{
    private int tickets=20;
    //实现接口方法 run()
    public void run() {
        while(tickets>0){
            try {
                Thread.sleep(1000);     //模拟售票等待过程
            } catch (InterruptedException e) {
                e.printStackTrace();
            }
            System.out.println(Thread.currentThread().getName()+"正在销售第"+
                            tickets--+"张票");
        }
    }
}

public class Auto_Ticketing3 {
    public static void main(String[] args) {
        //创建子线程类 TicketWindow_Runable 的实例对象
        TicketWindow3_Runable ticketWindow = new TicketWindow3_Runable();
        //创建 3 个子线程用于售票
        new Thread(ticketWindow,"售票窗口 1").start();
        new Thread(ticketWindow,"售票窗口 2").start();
        new Thread(ticketWindow,"售票窗口 3").start();
    }
}
```

运行结果如图 8-13 所示。

图 8-13   例 8-8 运行结果

从图 8-13 中可以看到，第 6 张票被销售了两次，最后两行打印销售的是第 –1 和 0 张票。这是因为在多线程售票中出现了安全问题：在售票程序中添加了 sleep()方法是用来模拟销售窗口售票的过程时间消耗。由于线程有延迟，售票窗口 3 正在销售第 6 张票，此时共享资源的剩余票是 6 张，如果在售票窗口 1 此时获得了 CPU 使用权，发现票数是 6 张，也会销售第 6 张票。同理，当售票窗口正在销售最后 1 张票时，在线程延迟中，其他售票窗口线程也可能会获得 CPU 使用权，则判断时发现剩余票数是 1 张，大于 0，则仍然可以继续售票，就可能会出现销售第 0，第-1 张票的情况。

从上述程序运行结果可以看到，线程安全问题主要是由多个线程同时处理共享资源造成的。如果要解决这个安全问题，需要保证在同一时刻只能有一个线程访问共享资源。Java 中提供了线程同步机制来解决线程安全问题。

2. 线程同步

Java 中提供了 3 种线程同步方式来解决线程安全问题，即同步代码块、同步方法和同步锁。

1）同步代码块

同步代码块是当多个线程使用同一个共享资源时，将处理共享资源的代码放置在关键字 synchronized 修饰的代码块中，这段代码被称为同步代码块。其语法格式如下：

```
synchronized(lock){
    //需要同步操作的代码
}
```

上述格式中，synchronized 代表同步，lock 是一个同步锁，可以是任意类型的对象，但是多个线程共享的同步锁对象必须是相同的，且在任何时候，最多允许使用共享资源的多个线程中的一个线程拥有同步锁，获得同步锁的线程就可以进入执行代码块。

当线程 A 执行同步代码块时，首先检查同步锁对象的标志位，默认情况下标志位为 1，此时线程 A 可以执行同步代码块，同时将锁对象的标志位置为 0。当另外一个线程 B 执行到同步代码块时，由于锁对象标志位为 0，线程 B 阻塞，等待当前线程 A 执行完同步代码块后，把锁对象标志位置为 1，线程 B 才能执行同步代码块。

2) 同步方法

在一个方法前面加上关键字 synchronized 进行修饰，被修饰的方法称为同步方法。其语法格式如下：

```
[修饰符] synchronized 返回值类型 方法名([参数 1…]){
    //需要同步操作的代码
}
```

同步方法在同一时刻只允许一个线程访问，访问该方法的其他线程都会被阻塞，直到当前线程访问执行完毕后，其他线程才有机会访问执行。

3) 同步锁

同步代码块和同步方法使用的是封闭式锁机制，它无法中断一个正在等候获得锁的线程，也无法通过轮询得到锁。每个线程在执行同步代码的时候，每次都需要判断锁的状态，资源消耗比较大，性能比不用要低一些。故在编程时建议尽量减少 synchronized 的作用域。

从 JDK 1.5 开始，Java 提供了比同步代码块和同步方法更广泛的锁操作，是一个功能更强大的 Lock 锁，既具有同步代码块和同步方法的功能，同时在使用时也更灵活，且可以让线程释放锁。

同步锁 Lock 是一个接口，它的实现类是 ReentrantLock。在编程中最常用的是创建一个同步锁对象，对代码块进行上锁和解锁操作。其格式如下所示：

```
private final Lock lock=new ReentrantLock();   //创建同步锁对象
…
lock.lock();   //上锁
    //需要同步操作的代码
lock.unlock();   //解锁
…
```

上锁使用的是方法 lock()，解锁使用的是方法 unlock()，可以在需要的位置灵活地上锁解锁。除此之外，ReentrantLock 类还提供的有其他对锁的操作方法。

任务实施

根据任务要求分析可知，程序要求模拟实际售票窗口售票有耗时的情况，确保可以正常安全售票。模拟售票窗口耗时可以使用前面学习的线程休眠方法 sleep() 来实现。为确保线程安全，既可以使用前面学习的同步代码块来实现，也可以使用同步方法来实现多窗口售票程序，当然也可以使用同步锁来实现线程安全的售票。

实现方法 1：同步代码块之 Auto_Ticketing4.java。

```
//自定义一个子线程类，继承自 Thread 类
class TicketWindow4_Runable implements Runnable{
    private int tickets=20;
    Object lock=new Object();
    //实现接口方法 run()
    public void run() {
```

```
            while(true){
                synchronized (lock){
                    if(tickets>0){
                        try {
                            Thread.sleep(1000);    //模拟售票等待过程
                        } catch (InterruptedException e) {
                            e.printStackTrace();
                        }
                        System.out.println(Thread.currentThread().getName()+"正在销售
                                第"+tickets--+"张票");
                    }
                }
            }
        }
    }


public class Auto_Ticketing4 {
    public static void main(String[] args) {
        //创建子线程类 TicketWindow_Runable 的实例对象
        TicketWindow4_Runable ticketWindow = new TicketWindow4_Runable();
        //创建 3 个子线程用于售票
        new Thread(ticketWindow,"售票窗口 1").start();
        new Thread(ticketWindow,"售票窗口 2").start();
        new Thread(ticketWindow,"售票窗口 3").start();
    }
}
```

运行结果如图 8-14 所示。

图 8-14 使用同步代码块实现售票程序运行结果

从图 8-14 的运行结果可以看到，售票有耗时，同时所有的票都被正常售出。

实现方法 2：同步方法之 Auto_Ticketing5.java。

```java
//自定义一个子线程类，继承自 Thread 类
class TicketWindow5_Runable implements Runnable{
    private int tickets=20;
    //实现接口方法 run()
    public void run() {
        while(true){
            saleTicket();
        }
    }
    private synchronized void saleTicket(){
        if(tickets>0){
            try {
                Thread.sleep(1000);     //模拟售票等待过程
            } catch (InterruptedException e) {
                e.printStackTrace();
            }
            System.out.println(Thread.currentThread().getName()+"正在销售第
                               "+tickets--+"张票");
        }
    }
}

public class Auto_Ticketing5 {
    public static void main(String[] args) {
        //创建子线程类 TicketWindow_Runable 的实例对象
        TicketWindow5_Runable ticketWindow = new TicketWindow5_Runable();
        //创建 3 个子线程用于售票
        new Thread(ticketWindow,"售票窗口 1").start();
        new Thread(ticketWindow,"售票窗口 2").start();
        new Thread(ticketWindow,"售票窗口 3").start();
    }
}
```

运行结果仍然如图 8-14 所示。

实现方法 3：同步锁之 Auto_Ticketing6.java。

```java
import java.util.concurrent.locks.Lock;
import java.util.concurrent.locks.ReentrantLock;
//自定义一个子线程类，继承自 Thread 类
class TicketWindow6_Runable implements Runnable{
```

```
        private int tickets=20;
        private final Lock lock=new ReentrantLock();
        //实现接口方法 run()
        public void run() {
            while(true){
                lock.lock();
                if(tickets>0){
                    try {
                        Thread.sleep(1000); //模拟售票等待过程
                        System.out.println(Thread.currentThread().getName()+"正在销售第"+
                                        tickets--+"张票");
                    } catch (InterruptedException e) {
                        e.printStackTrace();
                    }finally {
                        lock.unlock();
                    }
                }
            }
        }
    }

    public class Auto_Ticketing6 {
        public static void main(String[] args) {
            //创建子线程类 TicketWindow_Runable 的实例对象
            TicketWindow6_Runable ticketWindow = new TicketWindow6_Runable();
            //创建 3 个子线程用于售票
            new Thread(ticketWindow,"售票窗口 1").start();
            new Thread(ticketWindow,"售票窗口 2").start();
            new Thread(ticketWindow,"售票窗口 3").start();
        }
    }
```

运行结果仍然如图 8-14 所示。

上述 3 种实现方法中的任何一种方法都可以实现任务需求。编程过程中可以根据需要确定使用任意一种来实现线程安全需要。其中同步锁会更灵活，功能更强大。

实践训练

编写程序，实现 3 个同学分吃 10 块蛋糕的应用，需要模拟分吃过程的延迟，且确保线程安全。显示分吃过程，如"同学 A 分吃了蛋糕 10""同学 B 分吃了蛋糕 9"等。

任务 8.3　模拟"生产—消费"程序设计

任务目标

- 掌握线程的等待和唤醒
- 了解多线程通信

任务描述

在现实生活中，生产者负责生产商品，消费者负责消费商品，当生产者生产商品后，消费者才能消费商品。运行结果如图 8-15 所示。

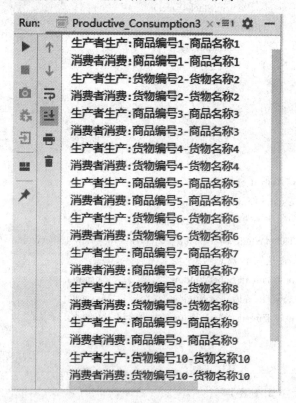

图 8-15　任务 8.3 运行结果

知识准备

本任务简单介绍多线程通信的相关知识。

Java 中不同的线程执行不同的任务，如果任务之间有某种关系，线程间必须能够通信，协调完成工作。为了让线程间能进行协调工作，就需要线程间能进行通信。Java 提供了线程间通信常用的 3 个方法是 wait()、nofity() 和 notifyAll()，用于线程的等待与唤醒。

- void wait()，让当前线程放弃同步锁并进入等待状态，直到其他线程进入此同步锁，并调用 nofity()方法或 notifyAll()方法唤醒该线程为止。
- wait(long timeout)，让当前线程放弃同步锁并进入等待状态，直到其他线程进入此同步锁，并调用 notify() 方法或 notifyAll() 方法，或者超过指定的时间量，当前线程被唤醒进入就绪状态。
- notify()，唤醒在此同步锁上等待的单个线程。
- notifyAll()，唤醒在此同步锁上等待的所有线程。

任务实施

根据任务分析可知：

(1) 生产者和消费者操作的是共享资源，需要定义共享资源类，并在共享资源类中定义生产和取出数据的方法；

(2) 生产者需要定义一个线程类；

(3) 消费者需要定义一个线程类；

(4) 编写测试类分别调用生产者和消费者，实现生产消费交替完成。

实现方法 1： Productive_Consumption.java。

```java
//共享资源类
class ShareResource {
    private String goods_No;
    private String goods_Name;
    //生产存入数据
    public void push(String goods_No, String goods_Name) {
        this.goods_No = goods_No;
        try {
            Thread.sleep(20);    //模拟网络延迟
        } catch (InterruptedException e) {
            e.printStackTrace();
        }
        this.goods_Name = goods_Name;
        System.out.println("生产者生产： " + this.goods_No + "-" + this.goods_Name);
    }
    //消费取出数据
    public void popup() {
        try {
            Thread.sleep(20);    //模拟网络延迟
        } catch (InterruptedException e) {
            e.printStackTrace();
        }
        System.out.println("消费者消费： " + this.goods_No + "-" + this.goods_Name);
    }
}
```

```java
//生产者线程类
class Producer implements Runnable {
    private ShareResource shareResource;
    public Producer(ShareResource shareResource) {
        this.shareResource = shareResource;
    }
    @Override
    public void run() {
        for (int i = 1; i <=10; i++) {
        if (i % 2 == 0)//当循环变量奇偶数不同生产的数据也不同
            shareResource.push("货物编号" + i, "货物名称" + i);
        else
            shareResource.push("商品编号" + i, "商品名称" + i);
        }
    }
}
//消费者线程类
class Consumer implements Runnable {
    private ShareResource shareResource;
        public Consumer(ShareResource shareResource) {
        this.shareResource = shareResource;
    }
    @Override
    public void run() {
        for (int i = 1; i <= 10; i++) {
        shareResource.popup();   //消费取出数据
        }
    }
}
//生产和消费实现
public class Productive_Consumption {
    public static void main(String[] args) {
        //创建共享资源对象
        ShareResource shareResource = new ShareResource();
        //分别新建生产者和消费者线程并启动
        new Thread(new Producer(shareResource)).start();
        new Thread(new Consumer(shareResource)).start();
    }
}
```

运行结果如图 8-16 所示。

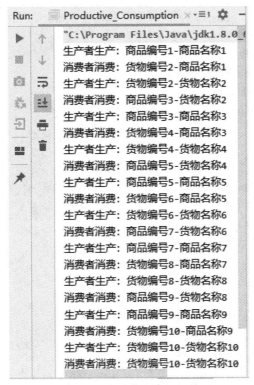

图 8-16　生产消费程序运行结果

从图 8-16 的运行结果可以看到，生产和消费虽然会交替出现，但是消费的数据和生产的数据并不匹配，且生产和消费的顺序出现混乱。

需要解决两个问题：

(1) 消费者同一条数据信息的两项数据不一致(如图 8-16 中显示的"生产者生产：商品编号 5—商品名称 5"，但是紧接着显示的是"消费者消费：货物编号 6—商品名称 5")，是因为生产过程两项数据没有保持同步，只要使用同步代码块或者同步方法或者同步锁，保持生产时两项数据同步，就可以避免两项数据中间被消费者线程取走数据导致不一致。

(2) 应该是生产一条数据，消费一条数据，商品和货物交替生产。这个问题可以使用线程间通信的等待和唤醒机制来解决。

要解决实现方法 1 程序中的问题，只需要修改代码中的共享资源类即可，具体代码如下：

```java
class ShareResource2 {
    private String goods_No;
    private String goods_Name;
    private boolean isEmpty = true; //表示共享资源是否为空的状态
    //生产存入数据
    synchronized public void push(String goods_No, String goods_Name) {
        try {
            while (!isEmpty) {
```

```
                    this.wait(); //如果资源不为空，则生产者等待
                }
                //生产开始
                this.goods_No = goods_No;
                Thread.sleep(20); //模拟网络延迟
                this.goods_Name = goods_Name;
                System.out.println("生产者生产:" +  this.goods_No + "-" + this.goods
                            _Name);
                //生产结束
                this.isEmpty = false; //将共享资源状态设置为不空
                this.notify(); //生产完之后唤醒消费者
            } catch (InterruptedException e) {
                e.printStackTrace();
            }
        }
    //消费取出数据
     synchronized public void popup() {
         try {
             while (isEmpty) {
                 this.wait(); //如果资源为空，则消费者等待
             }
             Thread.sleep(20); //模拟网络延迟
         } catch (InterruptedException e) {
             e.printStackTrace();
         }
         System.out.println("消费者消费:" + this.goods_No + "-" + this.goods_Name);
         this.isEmpty = true; //将共享资源状态设置为空
         this.notify(); //消费完之后唤醒消费者
     }
 }
```

此时运行结果如图 8-15 所示。

实践训练

编写一个程序，模拟商场的临时储物柜中一个储物箱的存取过程。一个储物箱每次只能存入一个人的物品，等此物品被取走后，才可以进行下次的存取。这里假设存入的物品包含两项信息(物品名称、物品重量)，模拟 20 次存取过程。

小　　结

本模块通过 3 个任务介绍了多线程的基础知识，包括线程的概念、线程的创建、线程的生命周期及状态转换、线程的调度、多线程同步以及线程通信。通过

本模块的学习，读者应对多线程技术有了初步的了解。

课　后　习　题

一、填空题

1. 实现多线程的方式有 3 种：一种通过继承_____类，另外两种是分别实现_____和_____接口。

2. 线程的生命周期有 6 种状态，分别是：_____、_____、_____、_____、_____、_____。

3. 线程的休眠调用方法是_____。

4. 线程的通信可以使用_____机制。

二、判断题

1. 通过继承 Thread 类实现多线程和通过实现 Runnable 接口实现多线程是一样的，没有任何区别。(　　)

2. 同步代码块中的锁对象可以是任意类型的对象。(　　)

3. 同步锁 Lock 功能比同步方法的功能更强大，更灵活。(　　)

4．调用 wait()方法进入等待状态的线程，不需要其他线程来唤醒。(　　)

5. 调用 sleep(long millis)方法进入等待状态的线程需要其他线程来唤醒才能进入就绪状态。(　　)

三、选择题

1. 关于线程的状态，下面说法错误的是(　　)。

A. 当线程运行过程中，发出 I/O 请求时，此线程进入阻塞状态。

B. 线程的可运行状态里面有细分为就绪状态和运行状态。

C. 调用 wait()方法而处于等待状态中的线程，必须等待其他线程调用 notify()或 notifyAll()唤醒。

D. 线程抛出一个未捕获的异常不会进入终止状态。

2. 下列说法中，正确的是(　　)(多选)。

A. 线程的优先级越高，获得 CPU 使用权的概率越大

B. 表示线程的最高优先级的数字是 10

C. 表示线程的最低优先级的数字是 10

D. Java 中提供了 3 个静态常量用于表示线程优先级，分别是最高、最低、普通优先级

3. 当线程调用了(　　)方法时，线程进入就绪状态。

A．wait()　　　　B．sleep()　　　　C．notify()　　　　D．yield()

4．关于线程的插队，说法错误的是(　　)。

A．线程的插队是通过调用 join()方法来实现

B．当在某个线程中调用其他线程的 join()方法，则调用的线程被阻塞

C．当在某个线程中调用其他线程的 join()方法，则调用 join()方法的线程被阻塞

D. 当在某个线程中调用其他线程的 join()方法，则当前线程要等插队的线程
执行完毕才会继续执行

四、简答题

1. 简述 Runnable 接口和 Callable 接口实现多线程的主要区别。
2. 简述线程调用 sleep(long millis)和 wait()的区别。
3. 简述线程同步的 3 种实现方式。
4. 简述 Java 线程间通信的等待唤醒机制。

模块九
网络编程

模块介绍

计算机网络是 20 世纪 60 年代出现的，经历了多年的发展，进入 21 世纪后，计算机网络已经成为信息社会的基础设施，深入到人类社会的方方面面，并与人们的工作、学习和生活息息相关。计算机网络是通过传输介质、通信设施和网络通信协议，把分散在不同地点的计算机设备互连起来，实现资源共享和数据传输的系统。网络编程，就是在一定的协议下，实现多台设备(计算机)之间通信的程序。Java 对网络编程提供了良好的支持。通过其提供的接口可以很方便地进行网络编程。本模块通过文件上传程序设计介绍网络编程的过程。

思维导图

教学大纲

能力目标
◎能够编写 TCP 协议下的数据传输程序

知识目标
◎了解网络通信协议
◎理解 TCP 和 UDP 的协议特点
◎掌握 IP 地址和端口号的作用
◎熟悉 TCP 协议下两个 JDK 常用类的使用
◎掌握 TCP 通信的基本实现

学习重点
◎TCP 通信的应用
◎TCP 通信程序的实现

学习难点
◎TCP 通信"三次握手"过程
◎TCP 通信程序的实现

任务 9.1　文件上传程序设计

任务目标

- 了解网络通信协议
- 理解 TCP 和 UDP 的协议特点
- 理解 TCP 协议下文件上传过程
- 实现 TCP 协议下文件传输程序

任务描述

　　网盘是由互联网公司推出的在线存储服务，它已经融入人们的日常生活中。人们在利用网盘上传资料时，实际上是一个使用客户端读取本地文件，把文件上传到服务器，服务器再把上传的文件保存到服务器硬盘上的过程。本节要求了解网络通信的基本原理，编写使用 TCP 网络通信程序，实现将客户端的 "C:\\1.jpg" 文件上传至服务器端的硬盘 "D:\\upload\\" 中。

知识准备

9.1.1　网络通信协议

1. 网络通信协议概述

　　要实现多台计算机之间的通信，需要遵守一定的规则，如同人与人之间相互交流是需要遵循一定的规矩一样，计算机之间能够进行相互通信是因为它们都共同遵守一定的规则，即网络通信协议。

　　协议(Protocol)是定义计算机如何通信的一组明确的规则，包括地址格式、数据如何分包等。针对网络通信的不同方面，定义有很多不同的协议，如 HTTP、FTP、TCP 协议等。

　　通过网络发送数据是一项复杂的操作，必须仔细地协调网络的物理特性以及所发送数据的路径特征。为了对应用程序开发人员和最终用户隐藏这种复杂性，网络通信的不同方面被分解为多个层。在理论上，每一层只与紧挨其上和其下的层对话。将网络分层，这样就可以修改甚至替换某一层的软件，只要层与层之间的接口保持不变，就不会影响到其他层。

　　TCP/IP 协议(Transmission Control Protocol/Internet Protocol，传输控制协议/因特网互联协议)是 Internet 最基本、最广泛的协议。它定义了计算机如何连入因特网，以及数据如何在它们之间传输的标准。它的内部包含一系列用于处理数据通信的协议，并采用了 4 层分层模型，每一层都呼叫它的下一层所提供的协议来完成自己的需求，TCP/IP 网络模型如图 9-1 所示。

应用层	如 HTTP、FTP、TFTP、SMTP、SNMP、DNS
传输层	如 TCP、UDP
网络层	如 ICMP、IGMP、IP、ARP、RARP
链路层	由底层网络定义的协议

图 9-1　TCP/IP 网络模型

图 9-1 中，TCP/IP 协议中的 4 层分别是链路层、网络层、传输层和应用层，每层分别负责不同的通信功能。链路层是用于定义物理传输通道，通常是对某些网络连接设备的驱动协议，如针对光纤、网络提供的驱动。网络层是整个 TCP/IP 的核心，它主要用于将传输的数据进行分组，并将分组数据发送到目标计算机或者网络。传输层主要使网络程序进行通信，在进行网络通信时，可以采用 TCP 协议，也可以采用 UDP 协议。应用层主要负责应用程序的协议，如 HTTP 协议、FTP 协议等。

在 JDK 中提供了 java.net 包用于专注网络程序开发，包中提供了两种常见的网络协议支持，分别是 TCP 协议和 UDP 协议。

2. TCP 协议

TCP(Transmission Control Protocol)的全称是传输控制协议，是一种面向连接的通信协议，即传输数据之前，在发送端和接收端建立逻辑连接，然后再传输数据，它提供了两台计算机之间可靠无差错的数据传输。在 TCP 协议发送数据的准备阶段，客户端与服务器之间需要进行三次交互，以保证连接的可靠，这三次交互被称为"三次握手"。"三次握手"的具体过程如下：

- 第一次握手，客户端向服务器端发出连接请求，等待服务器确认。
- 第二次握手，服务器端向客户端回送一个响应，通知客户端收到了连接请求。
- 第三次握手，客户端再次向服务器端发送确认信息，确认连接。

整个交互过程如图 9-2 所示。

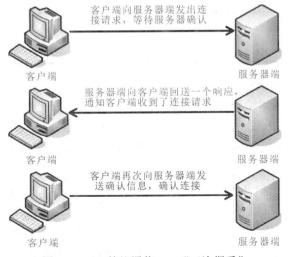

图 9-2　TCP 协议通信——"三次握手"

完成"三次握手",连接建立之后,客户端和服务器端就可以进行数据传输了。由于 TCP 协议面向连接的特性可以保证传输数据的安全,所以其应用十分广泛,如下载文件、浏览网页等。

3. UDP 协议

UDP(User Datagram Protocol)的全称是用户数据报协议,是一种面向无连接的协议,即在使用 UDP 传输数据时,数据的发送端和接收端不需要建立逻辑连接。简单地说,就是当一台计算机向另一台计算机发送数据时,发送端不会确认接收端是否存在,可以直接将数据、数据源和目的地都封装在数据包中发送出去。同样,接收端在收到数据时,也不会向发送端反馈是否收到数据。和 TCP 不同的是,UDP 不需要在发送数据前进行"三次握手"建立连接,只要想发数据就可以发送数据,只是数据的搬运工,不会对数据报文进行任何拆分和拼接操作。

由于 UDP 协议的无连接性不能保证数据的完整性,因此,它具有不可靠性。另外,UDP 没有拥塞控制,一直会以恒定的速度发送数据,即使网络条件不好,也不会对发送速率进行调整,在网络条件不好的情况下可能产生丢包现象,因此在传输重要数据时不建议使用 UDP,以免丢失重要数据。但是其优点也很明显:使用 UDP 协议消耗的资源小,每个数据包的大小限制在 64 KB 以内,通信效率高,所以通常会用于音频、视频等实时性要求高的场景。

TCP 协议和 UDP 协议对比如表 9-1 所示。

表 9-1　TCP 协议和 UDP 协议的对比

	TCP 协议	UDP 协议
是否连接	面向连接	无连接
是否可靠	可靠传输,使用流量控制和拥塞控制	不可靠传输,不使用流量控制和拥塞控制
对象数量	只支持一对一通信	支持一对一、一对多、多对一和多对多交互通信
适用场景	适用于要求可靠传输的应用,如文件传输	适用于实时应用,如 IP 电话、视频会议、直播等

4. IP 地址和端口号

在 Java 中,网络编程需要掌握 3 个要素,除了协议以外,还有 IP 地址和端口号。网络的通信本质上是两个进程(应用程序)的通信。"协议+IP 地址+端口号"三元组合可以标识网络中的进程,那么进程就可以利用这个标识与其他进程进行交互。

IP 地址是 Internet Protocol Address 的简写,指的是互联网协议地址,用来给一个网络中的计算机设备做唯一的编号。假如把"个人电脑"比作"电话",那么"IP 地址"就相当于"电话号码"。IP 地址分为 IPv4 和 IPv6。IPv4 是一个 32 位的二进制数,通常被分为 4 个字节,表示成"a.b.c.d"的形式,如 192.168.65.100。

其中 a、b、c、d 都是 0～255 的十进制整数，那么最多可以表示 42 亿个地址。由于互联网的蓬勃发展，互联网对 IP 地址的需求量越来越大，但是网络地址资源有限，使得 IP 地址的分配越发紧张。为了扩大 IP 地址空间，拟通过 IPv6 重新定义地址空间，采用 128 位地址长度，每 16 个字节一组，分成 8 组十六进制数，表示成 ABCD:EF01:2345:6789:ABCD:EF01:2345:6789，以解决网络地址资源数量不够的问题。

如果说 IP 地址可以唯一标识网络中的设备，那么端口号就可以唯一标识设备中的进程(应用程序)了。端口号是一个逻辑端口，它是用两个字节表示的整数，取值范围是 0～65 535。每当打开一个网络软件，操作系统都会为网络软件分配一个随机的或者是系统指定的端口号。0～1023 的端口号都已经被用于一些知名的网络服务和应用，普通应用程序需要使用 1024 以上的端口号。如果端口号被另外一个服务或应用所占用，则会导致当前程序启动失败。

9.1.2　TCP 通信程序设计

TCP 通信能实现两台计算机之间的数据交互，TCP 连接时必须明确服务器端(Server)与客户端(Client)。两端通信时，服务器端程序需要事先启动，它不可以主动连接客户端，只能等待客户端的连接。只有当客户端主动连接服务器端成功后，双方才能通信。连接过程中包含一个 I/O 字节流对象，客户端和服务器端就用这个 I/O 流对象进行通信。需要注意的是，当多个客户端同时和服务器端交互时，服务器端必须明确和哪个客户端进行交互，并且需要使用多个 I/O 流对象。

Java 在 net 包中提供了两个类用于实现 TCP 通信程序。

(1) 表示服务器端的类：java.net.ServerSocket 类表示。该类实现了服务器套接字，套接字指的是两台设备之间通信的端点。创建 ServerSocket 对象，相当于开启一个服务，该对象等待通过网络的请求，也就是等待客户端的连接。ServerSocket 类的主要构造方法和成员方法如表 9-2 所示。

表 9-2　ServerSocket 类的主要构造方法和成员方法

方　法　声　明	功　能　描　述
public ServerSocket(int port)	使用该构造方法在创建 ServerSocket 对象时，就可以将其绑定到一个指定的端口号上，参数 port 就是端口号
public Socket accept()	侦听并接受连接，返回一个新的 Socket 对象，用于和客户端实现通信，该方法会一直阻塞直到建立连接

(2) 表示客户端的类：java.net.Socket 类表示。该类实现客户端套接字。创建 Socket 对象，向服务器端发出连接请求，服务器端响应请求，两者建立连接并开始通信。Socket 类的主要构造方法和成员方法如表 9-3 所示。

表 9-3　Socket 类的主要构造方法和成员方法

方 法 声 明	功 能 描 述
public Socket(String host, int port)	创建套接字对象并将其连接到指定主机上的指定端口号。如果指定的 host 是 null，则相当于指定地址为回送地址
public InputStream getInputStream()	返回此套接字的输入流。如果此 Socket 具有相关联的通道，则生成的 InputStream 的所有操作也关联该通道。关闭生成的 InputStream 也将关闭相关的 Socket
public OutputStream getOutputStream()	返回此套接字的输出流。如果此 Socket 具有相关联的通道，则生成的 OutputStream 的所有操作也关联该通道。关闭生成的 OutputStream 也将关闭相关的 Socket
public void close()	关闭此套接字。一旦 Socket 被关闭，它不可再使用。关闭此 Socket 也将关闭相关的 InputStream 和 OutputStream
public void shutdownOutput()	禁用此套接字的输出流。任何先前写出的数据将被发送，随后终止输出流

TCP 网络通信逻辑如图 9-3 所示。

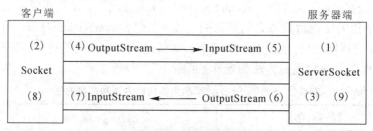

图 9-3　TCP 网络通信逻辑图

从通信逻辑上来看，TCP 网络通信的两端程序编写主要步骤如下：

(1) 服务器端启动，创建 ServerSocket 对象，指定端口号，等待连接。

(2) 客户端启动，创建 Socket 对象，构造方法绑定服务器的 IP 地址和端口号，请求连接。

(3) 服务器端接收连接，调用 ServerSocket 对象中的 accept()方法，返回请求的客户端对象 Socket。

(4) 客户端使用 Socket 对象的 getOutputStream()方法获取网络字节输出流 OutputStream 对象，然后使用网络字节输出流 OutputStream 对象中的 write()方法，给服务器端发送数据。

(5) 服务器端使用 Socket 对象的 getInputStream()方法获取网络字节输入流

InputStream 对象，然后使用网络字节输入流 InputStream 对象中的 read()方法，读取客户端发送的数据。

到此，客户端向服务器端发送数据成功，接下来服务器端向客户端回写数据。

(6) 服务器端使用 Socket 对象中的 getOutputStream()方法获取网络字节输出流 OutputStream 对象，然后使用网络字节输出流 OutputStream 对象中的 write()方法，给客户端回写数据。

(7) 客户端使用 Socket 对象的 getInputStream()方法获取网络字节输入流 InputStream 对象，然后使用网络字节输入流 InputStream 对象中的 read()方法，读取服务器端回写的数据。

(8) 客户端释放 Socket 资源，断开连接。

(9) 服务器端释放 Socket 和 ServerSocket 资源。

需要注意的是，客户端和服务器端交互时必须使用 Socket 中提供的网络流，不允许使用自己创建的流对象。当创建对象 Socket 时，客户端就会主动请求服务器端，要求经过"三次握手"建立连接通路。如果此时服务器没有启动，则会抛出连接被拒绝的异常(ConnectException:Connection refused:connect)；如果服务器已经启动，那么就可以顺利进行数据交互了。

下面通过一个实例来演示 TCP 网络通信程序的编写过程，例 9-1 是服务器端程序，例 9-2 是客户端程序。

例 9-1 Example9_1.java。

```java
import java.io.*;
import java.net.*;
public class Example9_1 {
    public static void main(String[] args) throws IOException {
        //1. 创建 ServerSocket 对象，绑定端口，开始等待连接
        ServerSocket server = new ServerSocket(8888);
        //2. 接收连接，使用 accept 方法，返回 socket 对象
        Socket socket = server.accept();
        //3. 通过 socket 获取输入流
        InputStream is = socket.getInputStream();
        //4. 一次性读取数据
            //4.1 创建字节数组
            byte[] bytes = new byte[1024];
            //4.2 将数据读取到字节数组中
            int len = is.read(bytes);
            //4.3 解析数组，打印字符串信息
            System.out.println(new String(bytes,0,len));
            /* ----------服务端回写数据---------- */
        //5. 通过 socket 获取输出流
        OutputStream os = socket.getOutputStream();
```

```
        //6. 回写数据
        os.write("收到，谢谢".getBytes());
        //7. 关闭资源
        socket.close();
        server.close();
    }
}
```

例 9-2   Example9_2.java。

```java
import java.io.IOException;
import java.io.InputStream;
import java.io.OutputStream;
import java.net.Socket;
public class Example9_2 {
    public static void main(String[] args) throws IOException {
        //1. 创建 Socket ( ip , port )，确定连接到哪里
        Socket socket = new Socket("127.0.0.1",8888);
        //2. 通过 Socket，获取输出流对象
        OutputStream os = socket.getOutputStream();
        //3. 写出数据
        os.write("你好，服务器".getBytes());
        /* ---------客户端解析服务端的回写数据---------- */
        //4. 通过 Socket，获取输入流对象
        InputStream is = socket.getInputStream();
        //5. 读取数据
        byte[] bytes = new byte[1024];
        int len = is.read(bytes);
        System.out.println(new String(bytes,0,len));
        //6. 关闭资源
        socket.close();
    }
}
```

完成程序编写后，首先运行服务器端程序 Example9_1.java，然后运行客户端程序 Example9_2.java。服务器端结果显示"你好，服务器"，表示收到来自客户端的数据信息，如图 9-4 所示。客户端结果显示"收到，谢谢"，表示收到来自服务器端的回写数据，如图 9-5 所示。

Example9_1 ×   Example9_2 ×
D:\software\Java\jdk-
你好，服务器

图 9-4   Example9_1 运行结果(服务器端)

Example9_1 ×   Example9_2 ×
D:\software\Java\jdk-
收到，谢谢

图 9-5   Example9_2 运行结果(客户端)

任务实施

1. 任务分析

文件上传本质上就是文件的复制。客户端、服务器端和本地硬盘之间进行读写，需要使用自己创建的字节流对象，即本地 I/O 流。客户端和服务器端之间进行读写，必须使用 Socket 中提供的字节流对象，即网络 I/O 流。除了明确字节流对象，还要明确数据源和目的地。客户端的数据源是客户端文件所在地址，目的地是服务器端；服务器端的数据源是客户端上传的文件，目的地是服务器端的硬盘，即要存放文件的地址。

文件上传过程如图 9-6 所示。

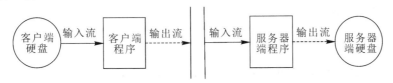

图 9-6　文件上传过程

文件上传的具体过程如下：

(1) 客户端使用本地字节输入流，读取要上传的文件。

(2) 客户端使用网络字节输出流，把读取到的文件上传到服务器端。

(3) 服务器端使用网络字节输入流，读取客户端上传的文件。

(4) 服务器端使用本地字节输出流，把读取到的文件保存到服务器端的硬盘上。

(5) 服务器端使用网络字节输出流，给客户端回写一个"上传成功"的提示。

(6) 客户端使用网络字节输入流，读取服务器端回写的数据。

(7) 释放资源。

2. 具体实现

1) 客户端实现步骤

(1) 创建一个本地字节输入流 FileInputStream 对象，构造方法中绑定要读取的数据源。

(2) 创建一个客户端 Socket 对象，构造方法中绑定服务器端的 IP 地址和端口号。

(3) 使用 Socket 中的 getOutputStream()方法，获取网络字节输出流 OutputStream 对象。

(4) 使用本地字节输入流 FileInputStream 对象中的 read()方法，读取本地文件。

(5) 使用网络字节输出流 OutputStream 对象中的 write()方法，把读取到的文件上传到服务器端。

(6) 使用 Socket 中的 getInputStream()方法，获取网络字节输入流 InputStream 对象。

(7) 使用网络字节输入流 InputStream 对象中的 read()方法，读取服务回写的数据。

(8) 释放资源(FileInputStream，Socket)。

2) 服务器端实现步骤

(1) 创建一个服务器端 ServerSocket 对象和系统要指定的端口号。

(2) 使用 ServerSocket 对象中的 accept()方法，获取请求的客户端 Socket 对象。

(3) 使用 Socket 对象中的 getInputStream()方法，获取 InputStream 对象。

(4) 判断 D:\\upload 文件夹是否存在，不存在则创建。

(5) 创建一个 FileOutputStream 对象，构造方法中绑定要输出的目的地。

(6) 使用 InputStream 对象中的 read()方法，读取客户端上传的文件。

(7) 使用 FileOutputStream 对象中的 write()方法，把读取到的文件保存到服务器端的硬盘上。

(8) 使用 Socket 对象中的 getOutputStream()方法，获取网络字节输出流 OutputStream 对象。

(9) 使用网络字节输出流 OutputStream 对象中的 write()方法，给客户端回写"上传成功"。

(10) 释放资源(FileOutputStream,Socket,ServerSocket)。

3. 程序编写

例 9-3 是服务器端程序，例 9-4 是客户端程序。

例 9-3　Example9_3.java。

```java
import java.io.*;
import java.net.*;
public class Example9_4 {
    public static void main(String[] args) throws IOException {
        //1. 创建服务器，指定端口号
        ServerSocket server = new ServerSocket(8888);
        //2. 获取请求的客户端
        Socket socket = server.accept();
        //3. 获取网络字节输入流
        InputStream is = socket.getInputStream();
        //4. 判断 d:\\upload 文件夹是否存在，不存在则创建
        File file =   new File("d:\\upload");
        if(!file.exists()){
            file.mkdirs();
        }
        //5. 创建一个本地字节输出流，绑定要输出的目的地
        FileOutputStream fos = new FileOutputStream(file+"\\1.jpg");
        //6. 使用网络字节输入流读取客户端上传的文件
        int len =0;
        byte[] bytes = new byte[1024];
        while((len = is.read(bytes))!=-1){
            //7. 使用本地字节输出流，把读取的文件保存到服务器的硬盘上
            fos.write(bytes,0,len);
```

```
            }
            //8. 获取网络字节输出流
            //9. 使用网络字节输出流，给客户端回写"上传成功"
            socket.getOutputStream().write("上传成功".getBytes());
            //10. 释放资源
            fos.close();
            socket.close();
            server.close();
        }
    }
```

例 9-4　Example9_4.java。

```java
import java.io.*;
import java.net.Socket;
public class Example9_4 {
    public static void main(String[] args) throws IOException {
        //1. 创建本地字节输入流，绑定要读取的数据源
        FileInputStream fis = new FileInputStream("c:\\1.jpg");
        //2. 创建客户端对象，绑定服务器 IP 地址和端口号
        Socket socket = new Socket("127.0.0.1",8888);
        //3. 获取网络字节输出流
        OutputStream os = socket.getOutputStream();
        //4. 读取本地文件
        int len = 0;
        byte[] bytes = new byte[1024];
        while((len = fis.read(bytes))!=-1){
            //5. 把读取的文件上传到服务器
            os.write(bytes,0,len);
        }
        //6. 获取网络字节输入流
        InputStream is = socket.getInputStream();
        //7. 读取服务回写的数据
        while((len = is.read(bytes))!=-1){
            System.out.println(new String(bytes,0,len));
        }
        //8. 释放资源
        fis.close();
        socket.close();
    }
}
```

完成程序编写后，按"先运行服务器端，后运行客户端"的顺序运行程序，能够看到 D 盘中生成了一个名为"upload"的文件夹，并且该文件夹里存放了一

个文件，而此文件与 "C:\\1.jpg" 文件一致，说明实现了文件的上传。

需要注意的是，上述代码虽然实现了文件的上传，但无论是客户端还是服务器端，程序都没有停止运行，这是因为受到了 FileInputStream 类的 read()方法的影响。通过查看 API 手册可以知道，read(byte[] b)方法功能是 "从此输入流中将最多 b.length 个字节数据读入一个 byte 数组中，在某些输入可用之前，此方法将阻塞"。在例 9-3 代码中，客户端中的 fis.read(bytes)读取本地文件，读取到 –1 则结束，然而在 while 循环里并不会读取到 –1，也就不会把结束标记写给服务器端。服务器端中的 is.read(bytes)用于读取客户端上传的文件，但由于读不到文件的结束标志，read()方法就会进入到阻塞状态，一直死循环等待结束标记。同样的，客户端中的 is.read(bytes)也会因为读取不到服务器端回写的数据而进入阻塞状态。

为了能够更加直观地看出阻塞现象，分别对例 9-3 和例 9-4 的代码进行修改。

修改例 9-3Example9_3.java。

```java
public class Example9_3 {
    public static void main(String[] args) throws IOException {
        …  //省略例 9-3 重复代码
        System.out.println("服务器端阻塞测试");
        while((len = is.read(bytes))!=-1){
            fos.write(bytes,0,len);
        }
        System.out.println("若此语句出现，则说明服务器端未发生阻塞");
        …
    }
}
```

修改例 9-4Example9_4.java。

```java
public class Example9_4 {
    public static void main(String[] args) throws IOException {
        …  //省略例 9-4 重复代码
        System.out.println("客户端阻塞测试");
        while((len = is.read(bytes))!=-1){
            System.out.println(new String(bytes,0,len));
        }
        System.out.println("若此语句出现，则说明客户端未发生阻塞");
        …
    }
}
```

修改后的例 9-3 和例 9-4 运行结果分别如图 9-7 和图 9-8 所示，可以看到服务器端打印输出语句 "服务器端阻塞测试"，但没有出现 "若此语句出现，则说明服务器端未发生阻塞"；客户端打印输出"客户端阻塞测试"，但没有出现"若此语句出现，则说明客户器端未发生阻塞"，说明服务器端和客户端均在 while 中产生了死循环，发生了阻塞现象。

图 9-7　Example9_3 修改后的运行结果(服务器端)　图 9-8　Example9_4 修改后的运行结果(客户端)

那么如何解决上述阻塞问题呢？由于阻塞问题是由于服务器端没有读到结束标记造成的，所以在上传文件后，只需要给服务器端写一个结束标记就可以解决问题。在这里需要用到 Socket 类的 shutdownOutput()方法，此方法的作用是禁用此套接字的输出流。对于 TCP 套接字，任何以前写入的数据都将被发送，并且后跟 TCP 的正常连接终止序列。

对例 9-4 的代码再次进行修改。程序代码如下：

```java
public class Example9_4 {
    public static void main(String[] args) throws IOException {
        … //省略例 9-4 重复代码
        while((len = fis.read(bytes))!=-1){
            os.write(bytes,0,len);
        }
        socket.shutdownOutput();
        InputStream is = socket.getInputStream();
        System.out.println("客户端阻塞测试");
        while((len = is.read(bytes))!=-1){
            System.out.println(new String(bytes,0,len));
        }
        System.out.println("若此语句出现，则说明客户端未发生阻塞");
        …
    }
}
```

修改完成后，重新运行例 9-3 和例 9-4 程序，其运行结果分别如图 9-9 和图 9-10 所示。可以看到服务器端打印输出语句"服务器端阻塞测试""若此语句出现，则说明服务器端未发生阻塞"；客户端打印输出"客户端阻塞测试""上传成功""若此语句出现，则说明客户端未发生阻塞"，并且程序在完成文件的上传后停止运行，说明成功解决了阻塞问题。

Example9_3　Example9_4
D:\software\Java\jdk-9.0.4\bin\java.exe
服务器端阻塞测试
若此语句出现，则说明服务器端未发生阻塞

Example9_3　Example9_4
D:\software\Java\jdk-9.0.4\bin\java
客户端阻塞测试
上传成功
若此语句出现，则说明客户端未发生阻塞

图 9-9　Example9_3 的运行结果(服务器端)　图 9-10　Example9_4 的运行结果(客户端)

4. 程序优化

现对文件上传进行优化，以解决以下问题：

(1) 文件名称写死的问题。在服务器端中，保存文件的名称如果写死，那么最终会导致服务器端硬盘只会保留一个文件。建议使用系统时间优化，保证文件名称唯一。

(2) 循环接收的问题。在前面的程序中，服务器端只保存一个文件就关闭了，之后的用户无法再上传，这是不符合实际的。使用循环改进，可以不断地接收不同用户的文件。

(3) 效率问题。如果多个人需要同时上传文件，且文件较大，则服务器端每接收一个文件可能会耗费几秒的时间，此时不能接收其他用户上传，因此效率就会非常低。可以使用多线程技术进行优化。

修改后的服务器端代码如例 9-5 所示。

例 9-5　Example9_5.java。

```java
import java.io.*;
import java.net.*;
import java.util.Random;
public class Example9_5 {
    public static void main(String[] args) throws IOException {
        ServerSocket server = new ServerSocket(8888);
        // 优化 2：让服务器一直处于监听状态
        // 有一个客户端上传文件，就保存一个文件
        while (true) {
            Socket socket = server.accept();
        // 优化 3：使用多线程技术，提高程序的效率
        // 有一个客户端上传文件，就开启一个线程，完成文件的上传
            new Thread(new Runnable() {
                //完成文件的上传
                @Override
                public void run() {
                    try{
                        InputStream is = socket.getInputStream();
                        File file = new File("d:\\upload");
                        if (!file.exists()) {
                            file.mkdirs();
                        }
                        // 优化 1：自定义一个文件命名规则，防止同名的文件覆盖
                        // 规则：毫秒值+随机数
                        String filename = System.currentTimeMillis() +
                                    new Random().nextInt(999) + ".jpg";
                        FileOutputStream fos = new FileOutputStream(file +
                                    "\\"+filename);
```

```
                              int len = 0;
                              byte[] bytes = new byte[1024];
                              while ((len = is.read(bytes)) != -1) {
                                      fos.write(bytes, 0, len);
                              }
                              socket.getOutputStream().write("上传成功".getBytes());
                              fos.close();
                              socket.close();
                          }catch(IOException e){
                          System.out.println(e);
                          }
                      }
                  }).start();
              }
          }
      }
```

按顺序运行例 9-5 和例 9-4 程序，运行结果如图 9-11 所示。服务器端收到客户端数据后不再关闭，继续等待接收。从图 9-11 中可以看到，服务器端硬盘收到的文件是以不同的名称进行命名的。

图 9-11　程序优化后的运行结果

实践训练

将资源包中的 1.mp3 和 2.mp3 放置在 C 盘中，然后实现两个不同的客户端分别将 C 盘的 1.mp3 和 2.mp3 上传至服务器端的硬盘"D:\\upload\\"中，并运行程序进行测试。

小　　结

本模块通过文件上传案例介绍了网络编程的相关知识，包括网络通信协议、TCP 协议、UDP 协议、IP 地址和端口号，并详细介绍了 TCP 通信程序设计过程。通过对本模块的学习，读者可以熟练掌握在 TCP 协议下实现数据在客户端与服务器端之间的传输。

课 后 习 题

一、填空题

1. TCP 全称是_____，它是一个面向_____的协议，即传输数据之前，在_____和_____建立逻辑链接，然后再传输数据。

2. 网络编程的 3 个基本要素是_____、_____、_____。

3. Java 为实现 TCP 通信程序提供了两个类，其中用于表示客户端的类是_____，用于表示服务器端的类是_____。

二、判断题

1. 创建 Socket 对象，相当于开启一个服务，该对象等待通过网络的请求，也就是等待客户端的连接。( )

2. 相比 TCP，UDP 更适用于可靠传输的应用。( )

3. TCP 只支持一对一的通信。( )

三、选择题

1. TCP 协议的"三次握手"中，第一次握手指的是( )。

A. 客户端向服务器端发送确认信息，确认连接

B. 服务器端向客户端回送一个响应，通知客户端收到了连接请求

C. 客户端向服务器端发出连接请求，等待服务器确认

D. 以上答案都不正确

2. 下列用于禁用套接字输出流的方式是( )。

A. getInputStream()

B. getOutputStream()

C. shutdownOutput()

D. close()

四、简答题

1. 简述 TCP 和 UDP 的区别。

2. 简述 TCP 连接的"三次握手"过程。

3. 简述 Socket 通信机制，说明客户端如何与服务器端进行连接。